できるポケット

エクセル

Excel

2021

基本&活用マスターブック

Office 2021 & Microsoft 365 両対応

羽毛田睦土 & できるシリーズ編集部

インプレス

本書の読み方

レッスンタイトル

やりたいことや知りたいことが探せるタイトルが付いています。

サブタイトル

機能名やサービス名などで調べやすくなっています。

操作手順

パソコンの画面を撮影して、操作を丁寧に解説しています。

●手順見出し

1 Excelを起動するには

操作の内容ごとに見出しが付いています。目次で参照して探すことができます。

●操作説明

1 [スタート] をクリック

実際の操作を1つずつ説明しています。番号順に操作することで、一通りの手順を体験できます。

●解説

スタート画面が表示された

操作の前提や意味、操作結果について解説しています。

練習用ファイル

レッスンで使用する練習用ファイルの名前です。ダウンロード方法などは4ページをご参照ください。

レッスン

02 Excelを起動するには

動画で見る

Excelの起動・終了　　　練習用ファイル　L01_起動・終了.xlsx

基本編　第1章　Excelを使ってみよう

Excelを起動するには、WindowsのスタートメニューからExcelのアイコンをクリックしましょう。Excelのファイルがフォルダーなどに入っている場合は、そのファイルをダブルクリックして起動することもできます。Excelを終了するときには、右上の [閉じる] マークをクリックしましょう。

1 Excelを起動するには

1 [スタート] をクリック

2 [Excel] をクリック

スタート画面が表示された

3 [空白のブック] をクリック

⌨ ショートカットキー

[スタート] メニューの表示
[⊞] / [Ctrl] + [Esc]

💡 使いこなしのヒント

スタートメニューに表示されないときは

パソコンの機種によってはExcelのアイコンがスタートメニューに表示されない場合があります。その場合はスタートメニューの [すべてのアプリ] をクリックして、アプリの一覧から探しましょう。

すべてのアプリ >

20 **できる**

動画で見る

パソコンやスマートフォンなどで視聴できる無料のYouTube動画です。
詳しくは16ページをご参照ください。

関連情報

レッスンの操作内容を補足する要素を種類ごとに色分けして掲載しています。

💡 使いこなしのヒント

操作を進める上で役に立つヒントを掲載しています。

🔲 ショートカットキー

キーの組み合わせだけで操作する方法を紹介しています。

⏱ 時短ワザ

手順を短縮できる操作方法を紹介しています。

🔍 用語解説

覚えておきたい用語を解説しています。

⚠ ここに注意

間違えがちな操作の注意点を紹介しています。

● 空白のブックが表示された

新しい空白のブックが表示された

02
Excelの起動・終了

🔲 ショートカットキー

アプリの終了
Alt + F4

2 Excelを終了するには

ここではファイルを保存せずに終了する

1 [閉じる] をクリック

Excelが終了する

Excelが終了して、デスクトップが表示された

⏱ 時短ワザ

Excelをタスクバーにピン留めをする

Excelのアイコン上で右クリックして、メニューから「その他」→「タスクバーにピン留めをする」をクリックすると、Excelをタスクバーに表示させることができます。以降は、タスクバーのExcelのアイコンをクリックすると手順1のスタート画面が表示されます。

1 [Excel] を右クリック

2 [タスクバーにピン留めする] をクリック

できる 21

※ここに掲載している紙面はイメージです。
実際のレッスンページとは異なります。

できる 3

練習用ファイルの使い方

本書では、レッスンの操作をすぐに試せる無料の練習用ファイルとフリー素材を用意しています。ダウンロードした練習用ファイルは必ず展開して使ってください。ここではMicrosoft Edgeを使ったダウンロードの方法を紹介します。

▼練習用ファイルのダウンロードページ
https://book.impress.co.jp/books/1122101047

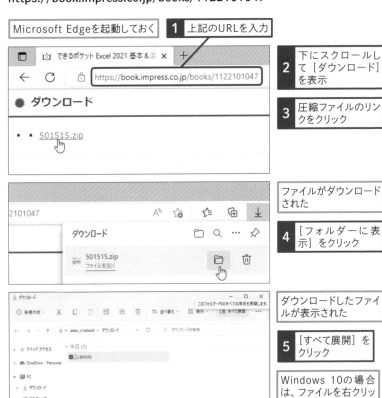

Microsoft Edgeを起動しておく

1 上記のURLを入力

2 下にスクロールして [ダウンロード] を表示

3 圧縮ファイルのリンクをクリック

ファイルがダウンロードされた

4 [フォルダーに表示] をクリック

ダウンロードしたファイルが表示された

5 [すべて展開] をクリック

Windows 10の場合は、ファイルを右クリックして [すべて展開] を選択する

●練習用ファイルを使えるようにする

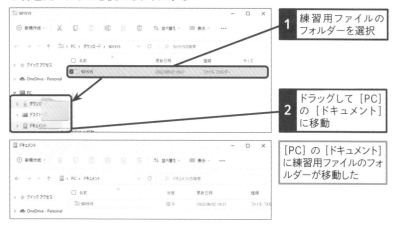

1 練習用ファイルの
フォルダーを選択

2 ドラッグして [PC]
の [ドキュメント]
に移動

[PC] の [ドキュメント]
に練習用ファイルのフォ
ルダーが移動した

⚠ ここに注意

インターネットを経由してダウンロードしたファイルを開くと、保護ビューで表示さ
れます。ウイルスやスパイウェアなど、セキュリティ上問題があるファイルをすぐに
開いてしまわないようにするためです。ファイルの入手時に配布元をよく確認して、
安全と判断できた場合は [編集を有効にする] ボタンをクリックしてください。

練習用ファイルの内容

練習用ファイルには章ごとにファイルが格納されており、ファイル先頭の「L」
に続く数字がレッスン番号、次がレッスンのサブタイトルを表します。練習用ファ
イルが複数あるものは、手順見出しに使用する練習用ファイルを記載しています。
手順実行後のファイルは、[手順実行後] フォルダーに格納されており、収録
できるもののみ入っています。

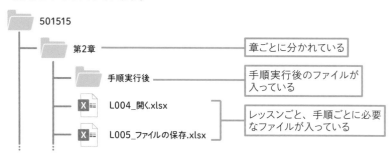

501515

第2章 ──────── 章ごとに分かれている

手順実行後 ──────── 手順実行後のファイルが
入っている

X▦ L004_開く.xlsx

X▦ L005_ファイルの保存.xlsx

レッスンごと、手順ごとに必要
なファイルが入っている

目次

基本編

第1章 Excelを使ってみよう   17

01 Excelとは   18

Excelの特徴
表計算ソフトとは
見やすい表が作れる
データベースの管理ができる
単純な処理を自動化できる

02 Excelを起動するには   20

Excelの起動・終了
Excelを起動するには
Excelを終了するには

03 Excelの画面構成を確認しよう   22

各部の名称、役割
Excel 2021の画面構成

04 ファイルを開くには   24

ファイルを開く
Excelからファイルを開く
アイコンからファイルを開く

05 ファイルを保存するには   26

ファイルの保存
ファイルを上書き保存する
ファイルに名前を付けて保存する

06 リボンを操作するには   28

リボン
タブを切り替える
リボンを非表示にする
リボンを再表示する

スキルアップ ［Excelのオプション］を表示する   30

基本編

基本編

第4章 数式や関数を使ってみよう 73

活用編

第10章 必須の関数を使いこなそう 163

動画について

操作を確認できる動画をYouTube動画で参照できます。画面の動きがそのまま見られるので、より理解が深まります。二次元バーコードが読めるスマートフォンなどからはレッスンタイトル横にある二次元バーコードを読むことで直接動画を見ることができます。パソコンなど二次元バーコードが読めない場合は、以下の動画一覧ページからご覧ください。

▼動画一覧ページ
https://dekiru.net/excel2021p

●用語の使い方

　本文中では、「Microsoft Excel 2021」のことを、「Excel 2021」または「Excel」、「Microsoft Windows 11」のことを「Windows 11」または「Windows」と記述しています。また、本文中で使用している用語は、基本的に実際の画面に表示される名称に則っています。

●本書の前提

　本書では、「Windows 11」に「Microsoft Excel 2021」がインストールされているパソコンで、インターネットに常時接続されている環境を前提に画面を再現しています。

●本書に掲載されている情報について

　本書で紹介する操作はすべて、2022年3月現在の情報です。
　本書は2022年4月発刊の「できるExcel 2021 Office 2021 & Microsoft 365両対応」の一部を再編集し構成しています。重複する内容があることを、あらかじめご了承ください。

第1章

Excel を
使ってみよう

Excelの基本的な知識を始め、起動、終了の操作方法や、画面構成について紹介します。バージョンアップによって変わった部分もあるので、確認しておきましょう。

01 Excelとは

Excelの特徴 | **練習用ファイル** なし

Excelは、格子状のマス目にデータを入力して様々な表を作成する「表計算ソフト」です。大量のデータを蓄積、数式で自動計算を行い、集計結果を表やグラフにまとめて、見やすい書類を作成できます。

表計算ソフトとは

表計算ソフトとは、格子状のマス目にデータを入力して様々な表を作成することができるソフトウエアです。数式や関数を使って複雑な計算もできます。

	A	B	C	D	E
1	10月分売上高集計表				
2		封筒	コピー用紙	万年筆	
3	穂高	2,812,127	1,395,174	3,270,663	
4	コクラ	630,600	850,102	830,929	
5	仲産業	2,537,401	1,303,754	1,424,767	
6	みやび	1,116,362	949,065	861,588	
7	大慶	1,493,229	504,379	641,366	
8	海星設計	893,033	168,927	1,086,475	
9	新里設備	797,713	362,695	585,144	

1,048,576行、16,384列の巨大な表を使える

数式や関数を使って複雑な計算ができる

使いこなしのヒント

Excelのバージョンについて

Excelには大きく分けて買い切り型と継続課金型（Microsoft 365）の2つがあります。本書執筆時点での、買い切り型の最新バージョンはExcel 2021です。本書で紹介している機能は、Excel 2021と

Microsoft 365ではすべて使えます。一方で、一部の機能はExcel 2019以前のバージョンでは使えません。古いバージョンで使えない機能については、各レッスンで触れています。

使いこなしのヒント

関数を使うと複雑な計算もできる

数式を使うと、足し算・引き算といったシンプルな計算だけでなく、関数を使った複雑な計算もできます（第4章参照）。

様々な計算ができるように、Excelには約500個もの関数が準備されています。

見やすい表が作れる

数式で自動計算を行った結果は、表やグラフにまとめて表示できます。グラフは、元の表を指定して、グラフの種類などを選択すると自動的に作成されます。

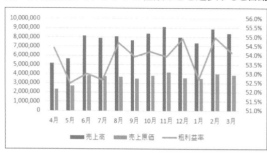

グラフなどを含んだ表が簡単に作れる

データベースの管理ができる

Excelに大量のデータを蓄積しておくこともできます。このデータから、一部のデータだけを抽出したり、条件に一致した行の金額を計算したりすることもできます。

	A	B	C	D	E	F	G
1	日付	商品名	金額	年	月	年度	商品区分
2	2020/4/1	コピー紙	5,694,176	2020	4	2020	消耗品
3	2020/4/1	インク	4,105,683	2020	4	2020	消耗品
4	2020/11/1	金庫	1,992,567	2020	11	2020	備品
5	2021/3/9	ロッカー	3,262,787	2021	3	2020	備品
6	2021/4/18	インク	8,634,911	2021	4	2021	消耗品
7	2021/6/5	ロッカー	6,787,172	2021	6	2021	備品
8	2022/3/14	コピー紙	7,937,047	2022	3	2021	消耗品
9	2022/3/14	金庫	817,439	2022	3	2021	備品
10							

任意のデータの抽出や計算ができる

🔎 用語解説

データベース

データを使いやすい形に整理したものをデータベースといいます。

単純な処理を自動化できる

入力した数式の計算結果は、元データを差し替えると最新の情報に自動的に更新されます。毎月作成する資料も、いったん数式を組めば翌月以降は自動的に作成できます。

02 Excelを起動するには

Excelの起動・終了 | **練習用ファイル** | なし

Excelを起動するには、Windowsのスタートメニューから Excelのアイコンをクリックしましょう。Excelのファイルがフォルダーなどに入っている場合は、そのファイルをダブルクリックして起動することもできます。Excelを終了するときには、右上の [閉じる] マークをクリックしましょう。

動画で見る

1 Excelを起動するには

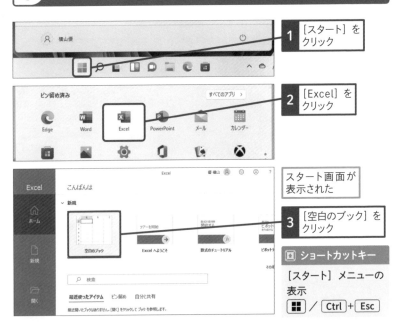

1 [スタート] をクリック

2 [Excel] をクリック

スタート画面が表示された

3 [空白のブック] をクリック

⌨ ショートカットキー

[スタート] メニューの表示
⊞ / **Ctrl** + **Esc**

💡 使いこなしのヒント

スタートメニューに表示されないときは

パソコンの機種によってはExcelのアイコンがスタートメニューに表示されない場合があります。その場合はスタートメニューの [すべてのアプリ] をクリックして、アプリの一覧から探しましょう。

すべてのアプリ >

● 空白のブックが表示された

新しい空白のブックが表示された

ショートカットキー

アプリの終了
`Alt` + `F4`

2 Excelを終了するには

ここではファイルを保存せずに終了する

1 [閉じる]をクリック

Excelが終了する

Excelが終了して、デスクトップが表示された

時短ワザ

Excelをタスクバーにピン留めをする

Excelのアイコン上で右クリックして、メニューから「その他」→「タスクバーにピン留めをする」をクリックすると、Excelをタスクバーに表示させることができます。以降は、タスクバーのExcelのアイコンをクリックすると手順1のスタート画面が表示されます。

1 [Excel]を右クリック

2 [タスクバーにピン留めする]をクリック

03 Excelの画面構成を確認しよう

各部の名称、役割 | **練習用ファイル** なし

Excelの画面で、どこに何が配置されているかを確認しましょう。各パーツの名前すべてを無理に暗記する必要はありません。見慣れない名前がでてきたら、このページに戻って場所を確認してください。

Excel 2021の画面構成

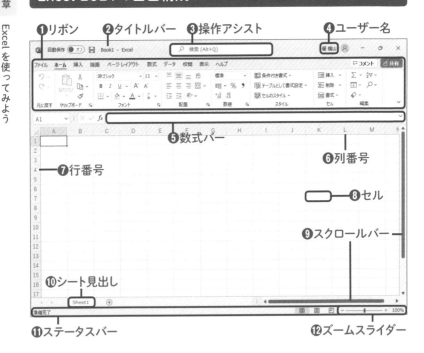

❶リボン　❷タイトルバー　❸操作アシスト　❹ユーザー名
❺数式バー　❻列番号　❼行番号　❽セル　❾スクロールバー
❿シート見出し　⓫ステータスバー　⓬ズームスライダー

⚠️ ここに注意

リボンのボタンの並び方は画面の横解像度（画面の横方向に何ドット分表示できるか）に応じて変わります。画面の横幅が狭くなると、アイコンの横に操作名が表示されなくなったり、複数のアイコンが1つのアイコンに統合される場合があります。本書では「1024×768」の解像度で表示された画面を誌面で再現しています。

❶リボン

いわゆるメニューです。ここをクリックすることで、エクセルの主要な操作を行うことができます。

タブを切り替えて、目的の作業を行う

❷タイトルバー

現在操作をしているブックの名前が表示されます。

開いているファイルの名前が表示される

❸操作アシスト

メニューを操作する代わりに、行いたい操作内容を文字で入力して操作メニューを呼び出すことができます。

❹ユーザー名

Excelに登録しているユーザー名が表示されます。

❺数式バー

現在操作をしているセル（アクティブセル）に入力された数式などが表示されます。

❻列番号

各セルの「列」を表す番号です。Aから順番にB、C・・・Z、AA、AB・・・と英文字を使って表します。

❼行番号

各セルの「行」を表す番号です。1から順番に2、3・・・と数字を使って表します。

❽セル

1つ1つのマス目です。このマス目にデータを入力していきます。

❾スクロールバー

上下・左右に動かして、シートの表示範囲をずらすことができます。

❿シート見出し

シートの一覧が表示されます。現在操作しているシートは背景色が白色で表示されます。

⓫ステータスバー

エクセルの状態が表示されます。たとえば、セルへの入力時に「入力モード」が表示されたり、複数セルを選択したときに「合計」「件数」などが表示されます。

ワークシートの作業状態が表示される

ここをクリックして［Zoom］ダイアログボックスを表示しても、画面の表示サイズを任意に切り替えられる

⓬ズームスライダー

表示倍率を変えることができます。

レッスン
04 ファイルを開くには

| ファイルを開く | 練習用ファイル | L004_開く.xlsx |

作成済みのブックを開くには、エクスプローラーでファイルをダブルクリックするか、Excelを起動してから [ファイルを開く] ダイアログボックスを使ってファイルを開きましょう。なお [開く] 画面では、最近使ったファイル一覧も表示されます。

基本編 第1章 Excelを使ってみよう

1 Excelからファイルを開く

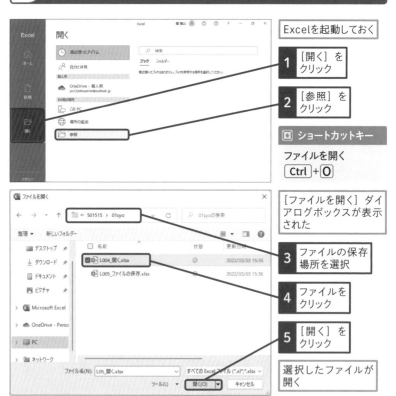

Excelを起動しておく

1 [開く] を
クリック

2 [参照] を
クリック

🔲 **ショートカットキー**

ファイルを開く
`Ctrl` + `O`

[ファイルを開く] ダイアログボックスが表示された

3 ファイルの保存
場所を選択

4 ファイルを
クリック

5 [開く] を
クリック

選択したファイルが
開く

2 アイコンからファイルを開く

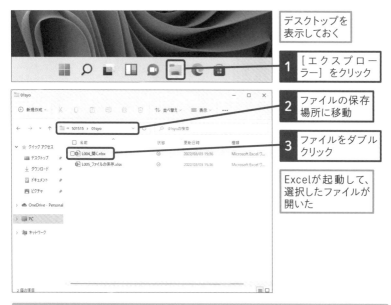

デスクトップを
表示しておく

1 [エクスプローラー] をクリック

2 ファイルの保存場所に移動

3 ファイルをダブルクリック

Excelが起動して、選択したファイルが開いた

使いこなしのヒント

作業中にファイルを開くには

ファイルを開いているときに、ほかのファイルを開きたいときはリボンの [ファイル] タブをクリックして [開く] - [参照] をクリックすると、[ファイルを開く] ダイアログボックスが表示されます。

1 [ファイル] タブをクリック

2 [開く] をクリック

3 [参照] をクリック

表示された [ファイルを開く] ダイアログボックスで、開くファイルを選択する

05 ファイルを保存するには

ファイルの保存 　　　　　　　　　**練習用ファイル** L005_ファイルの保存.xlsx

基本編

第1章

Excelを使ってみよう

Excelでデータを作成したらファイルを保存しましょう。ブックごとに1つのファイルとして保存されます。名前を付けて保存をすれば、前の状態のファイルを残して、別ファイルとして保存することもできます。

1 ファイルを上書き保存する

1 [ファイル] タブをクリック

🖱 **ショートカットキー**

上書き保存
`Ctrl` + `S`

2 [上書き保存] をクリック

同じ保存場所で、ファイルが上書き保存される

💡 使いこなしのヒント

[OneDriveに保存する] 画面が表示されたときは

未保存のファイルを上書き保存しようとすると、既存のファイルがなく上書き保存ができないため、自動的に [名前を付けて保存] の操作画面に移行します。このとき [OneDriveに保存する] 画面が表示される場合があります。[その他のオプション] をクリックすると、通常の [名前を付けて保存] の操作画面に移動することができます。

使いこなしのヒント

保存せずにファイルを閉じてしまった場合は

未保存でファイルを閉じしてしまった場合でも、Excelが途中経過のファイルを自動保存して、それを復元してくれる場合　があります。自動保存されている場合には、次にExcelを開いたときに確認画面で戻したいファイルを選択してください。

2 ファイルに名前を付けて保存する

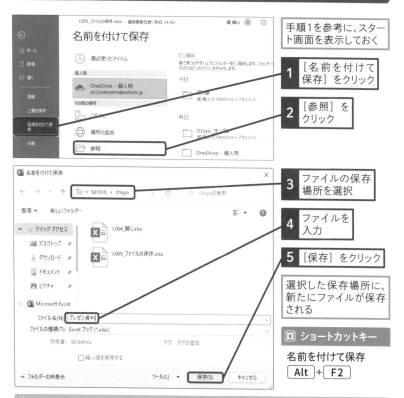

手順1を参考に、スタート画面を表示しておく

1 [名前を付けて保存]をクリック

2 [参照]をクリック

3 ファイルの保存場所を選択

4 ファイルを入力

5 [保存]をクリック

選択した保存場所に、新たにファイルが保存される

ショートカットキー

名前を付けて保存
[Alt]+[F2]

使いこなしのヒント

ファイル名に使用できない文字がある

半角の「\」「/」「:」「*」「?」「"」「<」「>」「|」「[」「]」は、ファイル名として使用できません。そのほかの記号についても、「-」(ハ　イフン)「_」(アンダーバー)以外の半角記号や、機種依存文字(丸数字の①など)は使わないことをおすすめします。

06 リボンを操作するには

| リボン | 練習用ファイル | なし |

ここでは、画面上部にあるリボンを操作する方法を紹介します。また、シートを表示する領域をできるだけ大きくするために、リボンを折りたたむ方法も紹介します。

1 タブを切り替える

ここでは[ホーム]タブから[数式]タブに切り替える

1 [数式]タブをクリック

リボンが切り替わった

2 リボンを非表示にする

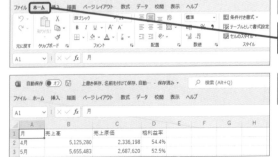

リボンが表示されている

1 タブをダブルクリック

リボンが非表示になった

3 リボンを再表示する

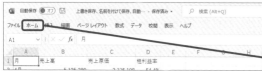

	リボンが非表示になっている

1 タブをダブルクリック

リボンが表示された

⌨ ショートカットキー

リボンの表示/非表示
`Ctrl` + `F1`

A	B	C	D	E	F	G	H
1 月	売上高	売上原価	粗利益率				
2 4月	5,125,280	2,336,198	54.4%				
3 5月	5,655,483	2,687,620	52.5%				
4 6月	8,144,675	3,826,145	53.0%				
5 7月	7,893,809	3,735,009	52.7%				
6 8月	8,067,679	3,656,200	54.7%				
7 9月	7,658,142	3,527,364	53.9%				
8 10月	8,374,718	3,836,249	54.2%				
9 11月	9,113,254	4,197,973	53.9%				
10 12月	7,945,271	3,583,403	54.9%				

☀ 使いこなしのヒント

アイコンの右側から詳細メニューを表示できる

リボンに表示されているアイコンの右側の✓をクリックすると、それぞれの機能の詳細を指定するメニューが表示されます。アイコンそのものをクリックしたときと挙動が変わりますので注意してください。

☀ 使いこなしのヒント

状況によって追加で表示されるタブがある

シート上の操作に応じて、追加で表示されるタブがあります。追加で表示されるタブには、そのとき行っている操作に関連するメニューがまとめられています。

スキルアップ

［Excelのオプション］を表示する

［Excelのオプション］では、ファイルを自動保存するかどうか、新規ブック作成直後にシートを何枚作るか、などExcel全体の動きに関わる設定をすることができます。ここでは特に操作を行いませんが、表示する方法を覚えておきましょう。

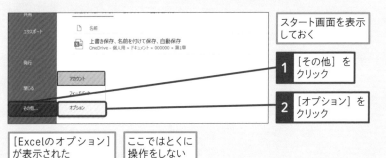

スタート画面を表示しておく

1 ［その他］をクリック

2 ［オプション］をクリック

［Excelのオプション］が表示された

ここではとくに操作をしない

Excel のオプション

| 全般 | Excel の基本オプションを設定します。 |

数式
データ
文章校正
保存
言語
アクセシビリティ
詳細設定
リボンのユーザー設定
クイック アクセス ツール バー
アドイン
トラスト センター

ユーザー インターフェイスのオプション

複数ディスプレイを使用する場合: ⓘ
 ● 表示を優先した最適化(A)
 ○ 互換性に対応した最適化 (アプリケーションの再起動が必要)(C)
☑ 選択時にミニ ツール バーを表示する(M) ⓘ
☑ 選択時にクイック分析オプションを表示する(Q)
☑ リアルタイムのプレビュー表示機能を有効にする(L) ⓘ
☐ リボンを自動的に折りたたむ(N) ⓘ
☐ 既定で Microsoft Search ボックスを折りたたむ ⓘ
ヒントのスタイル(R): ヒントに機能の説明を表示する ▼

新しいブックの作成時

次を既定フォントとして使用(N): 本文のフォント ▼
フォント サイズ(Z): 11 ▼
新しいシートの既定のビュー(V): 標準ビュー ▼
ブックのシート数(S): 1

Microsoft Office のユーザー設定

ユーザー名(U): 横山優
☐ Office へのサインイン状態にかかわらず、常にこれらの設定を使用する(A)
Office の背景(B): 背景なし ▼
Office テーマ(T): ▼

OK　　キャンセル

3 ［OK］をクリックして閉じる

基本編

第2章

入力の基本操作を
マスターしよう

この章ではExcelの基本的な操作を解説します。データ
の入力や編集、セルの幅や高さを変更する操作など、
一通りできるようにしておきましょう。

07 セルを選択するには

| セルの選択 | 練習用ファイル | なし |

Excelで、データを操作するときの基本はセルです。セルにデータを入力したり、その他の操作をするときには、まず操作対象のセルを選択しましょう。1つのセルを選択する方法だけでなく、行・列など複数のセルや飛び飛びのセルをまとめて選択する方法も紹介します。

1 1つのセルを選択する

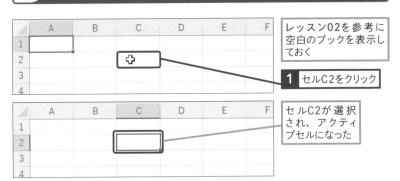

レッスン02を参考に空白のブックを表示しておく

1 セルC2をクリック

セルC2が選択され、アクティブセルになった

2 複数のセルを選択する

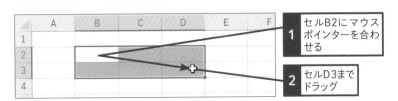

1 セルB2にマウスポインターを合わせる

2 セルD3までドラッグ

🔍 用語解説

アクティブセル

アクティブセルとは処理対象となるセルのことをいいます。常に1つのセルだけがアクティブセルになります。アクティブセルは緑枠で囲まれ背景色が白色で表示されます。

● 複数のセルが選択された

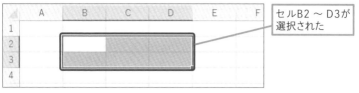

セルB2 〜 D3が選択された

3 行を選択する

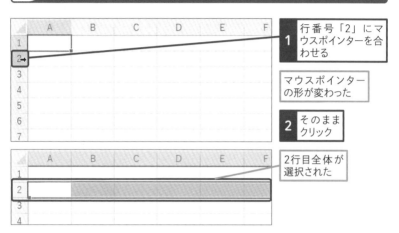

行番号「2」にマウスポインターを合わせる

1

マウスポインターの形が変わった

2 そのままクリック

2行目全体が選択された

使いこなしのヒント

複数の行や列を選択するには

複数の行番号、複数の列番号にまたがるようにドラッグの操作をすると、複数の行、列全体を選択できます。

ここでは2 〜 4行目を選択する

1 行番号「2」にマウスポインターを合わせる

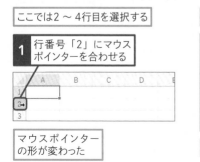

マウスポインターの形が変わった

2 行番号「4」までドラッグ

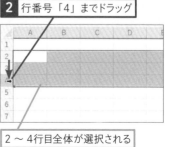

2 〜 4行目全体が選択される

次のページに続く →

4 列を選択する

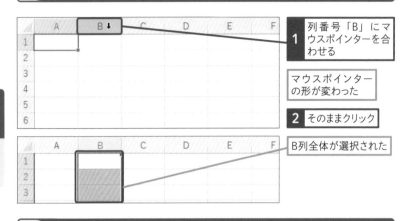

1 列番号「B」にマウスポインターを合わせる

マウスポインターの形が変わった

2 そのままクリック

B列全体が選択された

5 連続する複数のセルを選択する

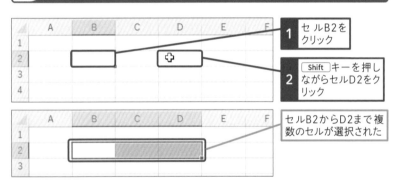

1 セルB2をクリック

2 Shift キーを押しながらセルD2をクリック

セルB2からD2まで複数のセルが選択された

使いこなしのヒント

複数のセルを選択したときはどのセルがアクティブセルなの?

複数のセルを選択したときでもアクティブセルは常に1つだけです。手順2の「複数のセルを選択する」の場合、選択したセル全体（セルB2～D3）のことを選択済みセル、最初に選択したセル（セルB2）をアクティブセルと区別して呼びます。緑枠で囲まれた選択済みセルのうちでアクティブセルは背景色が白色で表示されます。

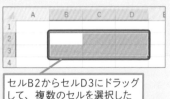

セルB2からセルD3にドラッグして、複数のセルを選択した

6 離れた場所のセルを複数選択する

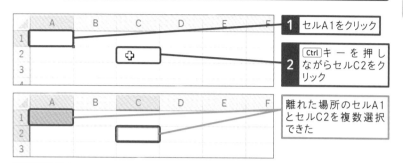

1 セルA1をクリック

2 Ctrl キーを押しながらセルC2をクリック

離れた場所のセルA1とセルC2を複数選択できた

使いこなしのヒント

シート全体を選択するには

シート左上の三角マークをクリックする と、シート全体を選択することができます。

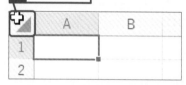

1 ここをクリック

シート全体が選択された

使いこなしのヒント

複数の範囲を選択する

Ctrl キーを押して、複数の範囲を選択す ることもできます。

1 セルB2 〜 B4を選択

2 セルD2にマウスポインターを合わせる

3 Ctrl キーを押しながら、セルD4までドラッグ

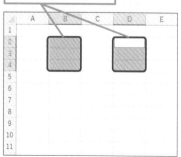

セルB2 〜 B4と、セルD2 〜 D4が選択された

08 セルにデータを入力するには

データの入力　　　　　　　　**練習用ファイル**　なし

セルに値を入力したり、入力済みの値を修正・削除したりする方法を紹介します。対象のセルを左クリックで選択して操作をしていきましょう。セルをダブルクリックすると入力済み文字列の一部だけを修正できます。

1 データを入力する

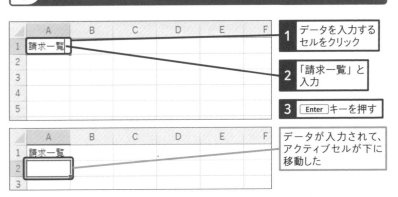

1 データを入力するセルをクリック

2 「請求一覧」と入力

3 Enter キーを押す

データが入力されて、アクティブセルが下に移動した

使いこなしのヒント

入力したデータをすべて修正する

セルに入力されたデータをすべて修正する場合は、セルを選択した状態でそのまま入力します。

ここでは入力された「請求一覧」を「売上明細」に修正する

1 修正するデータが入力されたセルをクリック

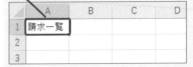

2 「売上明細」と入力

入力したデータが修正された

3 Enter キーを押す

修正したデータが確定する

2 入力したデータの一部を修正する

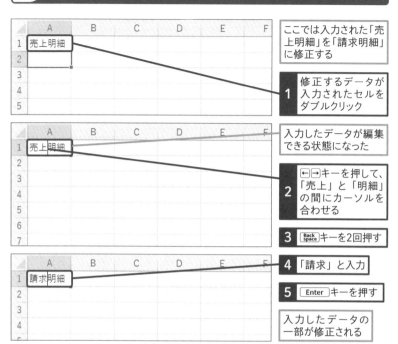

ここでは入力された「売上明細」を「請求明細」に修正する

1 修正するデータが入力されたセルをダブルクリック

入力したデータが編集できる状態になった

2 ←→キーを押して、「売上」と「明細」の間にカーソルを合わせる

3 Back space キーを2回押す

4 「請求」と入力

5 Enter キーを押す

入力したデータの一部が修正される

3 データを消去する

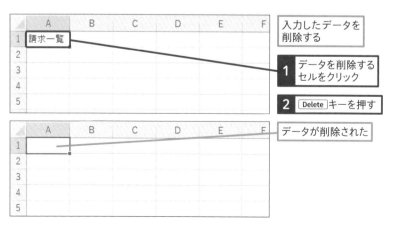

入力したデータを削除する

1 データを削除するセルをクリック

2 Delete キーを押す

データが削除された

09 様々なデータを 入力するには

数値や日付の入力　　**練習用ファイル**　L009_数値や日付の入力.xlsx

数値・文字列・日付・時刻など、様々なデータを入力する方法を紹介します。0で始まる数字を入力する場合など、普通に入力すると入力内容と表示結果が変わってしまうときには、先頭に「'」を付けて入力しましょう。

1 数値を入力する

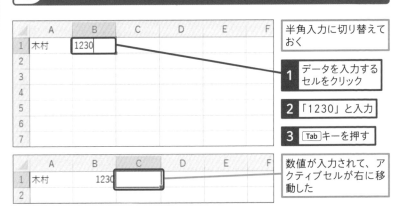

半角入力に切り替えておく

1 データを入力するセルをクリック

2 「1230」と入力

3 Tab キーを押す

数値が入力されて、アクティブセルが右に移動した

2 日付を入力する

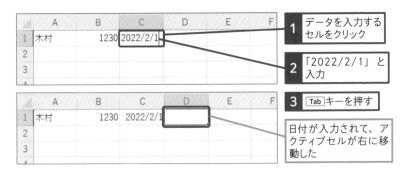

1 データを入力するセルをクリック

2 「2022/2/1」と入力

3 Tab キーを押す

日付が入力されて、アクティブセルが右に移動した

3 時刻を入力する

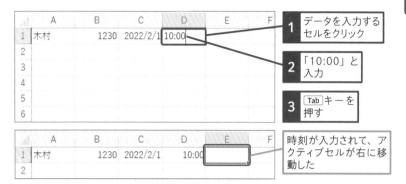

1 データを入力する
セルをクリック

2 「10:00」と
入力

3 [Tab]キーを
押す

時刻が入力されて、ア
クティブセルが右に移
動した

4 0で始まる数字を入力する

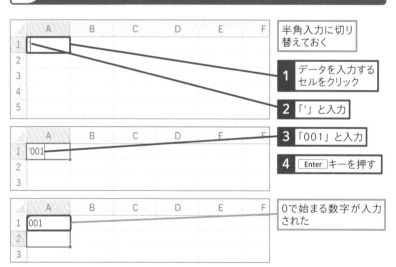

半角入力に切り
替えておく

1 データを入力する
セルをクリック

2 「'」と入力

3 「001」と入力

4 [Enter]キーを押す

0で始まる数字が入力
された

使いこなしのヒント

日付や時刻を入力したあとに数値を入力するには

日付や時刻を入力したセルに数値を入力
しようとしても、正しく数値が表示され
ません。レッスン12で紹介する「表示形
式」を再設定してください。また、見た
目を変えたいときも「表示形式」を使い
ましょう。

10 操作を元に戻すには

元に戻す、やり直し　　　　　**練習用ファイル** なし

いったん行った操作を取り消して元に戻したり、元に戻す操作自体を取り消したりして再度やり直すことができます。セルへの文字入力だけでなく、ほとんどすべての操作を取り消して元に戻すことができます。

1 操作を元に戻す

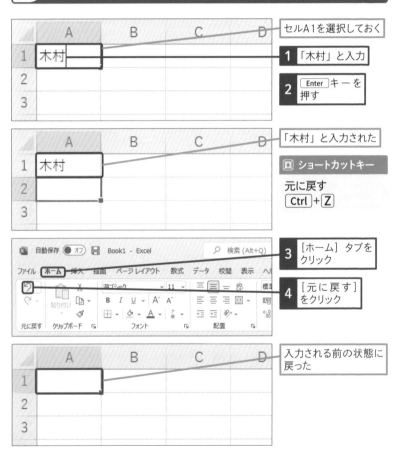

セルA1を選択しておく

1 「木村」と入力

2 Enter キーを押す

「木村」と入力された

ショートカットキー

元に戻す
Ctrl + Z

3 [ホーム] タブをクリック

4 [元に戻す] をクリック

入力される前の状態に戻った

2 取り消した操作をやり直す

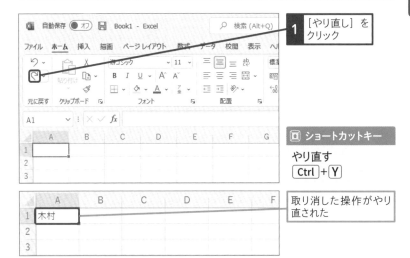

1 [やり直し] を
クリック

ショートカットキー

やり直す
[Ctrl]+[Y]

取り消した操作がやり
直された

使いこなしのヒント

元に戻せない操作もある

シートを削除したあとや、マクロを実行
したあとなど、特定の操作をすると [元
に戻す] の機能が使えなくなる場合があ

ります。また、ブックを閉じたあとや、
再度開きなおしたときにも元に戻すこと
はできません。

使いこなしのヒント

履歴から操作を元に戻すには

[元に戻す] の右側の ∨ をクリックすると
操作履歴が表示されます。戻したい操作
にマウスポインターを合わせてクリック

すると、直前の操作から選択した操作ま
でを一気に取り消すことができます。

1 [元に戻す] の
ここをクリック

2 戻したい操作までマウスポイン
ターを合わせてクリック

セルの幅や高さを変更するには

セルの幅や高さの変更 　　　**練習用ファイル** 　　L011_セルの幅と高さ.xlsx

セルの幅、高さは列・行ごとに変更できます。セルにたくさんの文字を入力したいときや行間を空けたいときには、セルの幅・高さを調整しましょう。マウスで操作するだけでなく幅・高さを数値で指定することもできます。

1 セルの幅を変更する

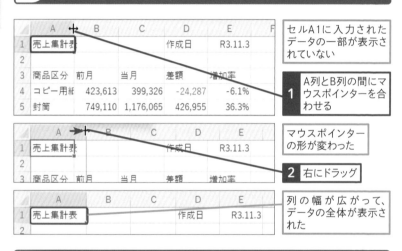

セルA1に入力されたデータの一部が表示されていない

1 A列とB列の間にマウスポインターを合わせる

マウスポインターの形が変わった

2 右にドラッグ

列の幅が広がって、データの全体が表示された

2 セルの高さを変更する

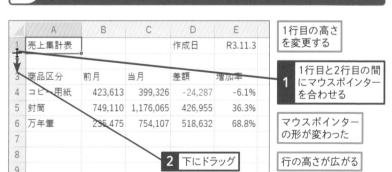

1行目の高さを変更する

1 1行目と2行目の間にマウスポインターを合わせる

マウスポインターの形が変わった

2 下にドラッグ

行の高さが広がる

3 複数のセルの幅や高さを変更する

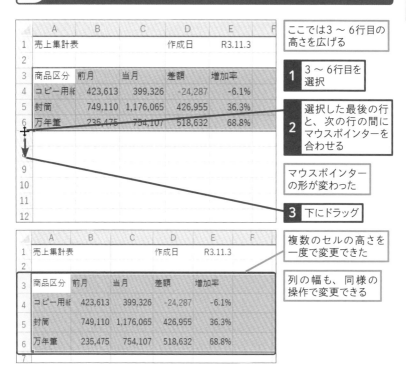

ここでは3～6行目の高さを広げる

1 3～6行目を選択

2 選択した最後の行と、次の行の間にマウスポインターを合わせる

マウスポインターの形が変わった

3 下にドラッグ

複数のセルの高さを一度で変更できた

列の幅も、同様の操作で変更できる

🔆 使いこなしのヒント

文字の表示がおかしくなったときは

列幅が狭すぎると、文字がすべて表示されないだけでなく「####」「1E+08」などと表示がされることがあります。このような場合には、列幅を広げてみてください。あるいは、適切な表示形式を設定すると、現状の列幅に収まってうまく表示される場合もあります。

⏱ 時短ワザ

ダブルクリックで変更できる

手順1の操作1で、マウスポインターの形が変わった際にダブルクリックすると、入力されたデータの長さに応じて、自動的に列の幅が変更されます。列に複数のデータが入力されている場合は、その列で最も長いデータに合わせて列の幅が変更されます。

表示形式 **練習用ファイル** L012_表示形式.xlsx

動画で見る

数値・日付・時刻は、表示形式を使うと、セルに入力したデータを変えずに見た目だけを変えることができます。たとえば、数値をカンマ区切り形式やパーセント単位で表示したり、日付の年を省略して月日だけを表示できます。

1 桁区切りを付けて表示する

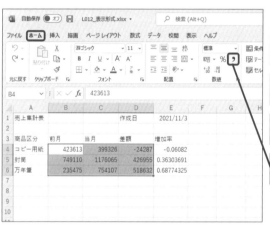

ここではセルB4 ～ D6に入力された数値に、桁区切りを付けて表示する

1 セルB4 ～ D6を選択

2 [ホーム] タブをクリック

3 [桁区切りスタイル] をクリック

数値が3桁ごとにカンマ区切りで表示された

🔎 **用語解説**

表示形式

表示形式とは、セルに入力したデータを変えずに見た目だけを変更する機能です。

2 パーセントで表示する

ここではセルE4 ～セルE6に入力された数値を、パーセントで表示する

1 セルE4 ～ E6を選択

2 [ホーム] タブをクリック

3 [パーセントスタイル] をクリック

数値がパーセントで表示された

☀ 使いこなしのヒント

ダブルクリックで元の値が表示される

表示形式を設定すると表示されるときの見た目は変わりますが、セルに入力された元の値は変わりません。実際、セルをクリックで選択すると数式バーには元の値が表示されます。同様に、セルをダブルクリックするとセル内に元の値が表示されます。たとえば、セルB4をダブルクリックするとセル内には「423613」と桁区切りが付かない形で表示されます。

	A	B	C
1	売上集計表		
2			
3	商品区分	前月	当月
4	コピー用紙	423613	399,326
5	封筒	749,110	1,176,065
6	万年筆	235,475	754,107

☀ 使いこなしのヒント

「¥」マークを付けて表示するには

リボンから [ホーム] - [通貨表示形式] をクリックすると、金額の前に「¥」マークを付けて表示することができます。

スキルアップ

自分でオリジナルの表示形式を設定するには

「年/月」形式など、日付の種類欄に存在しない形式で日付を表示させたいときには、ユーザー定義書式の機能を使いましょう。「セルの書式設定」ダイアログで、「表示形式」タブの分類の中から「ユーザー定義」をクリックし、「種類」欄に「yyyy/m」と入力しましょう。

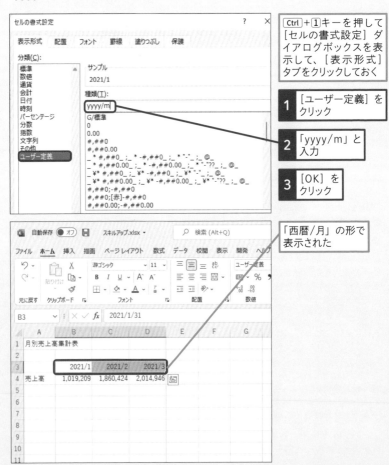

Ctrl + 1 キーを押して[セルの書式設定]ダイアログボックスを表示して、[表示形式]タブをクリックしておく

1 [ユーザー定義]をクリック

2 「yyyy/m」と入力

3 [OK]をクリック

「西暦/月」の形で表示された

基本編

第3章

セルの操作方法を覚えよう

この章では表を効率よく作成する方法、意図しないデータの入力を防ぐ方法、できあがった表から目的のデータを効率よく探す方法など、表を作成するときに作業効率を上げる方法を紹介します。

連続したデータを入力するには

動画で見る

オートフィル　　　　　　　　　　　**練習用ファイル**　手順見出しを参照

複数のセルに同じデータを入力したいときや連番を入力したいときには、セルの右下にマウスを合わせて右クリックでドラッグしましょう。この機能をオートフィルと呼びます。毎月末の日付や、1年ごとの日付を入力したいときも同じ方法で入力できます。

基本編　第3章　セルの操作方法を覚えよう

1　入力済みのセルの内容をコピーする　L013_オートフィル_01.xlsx

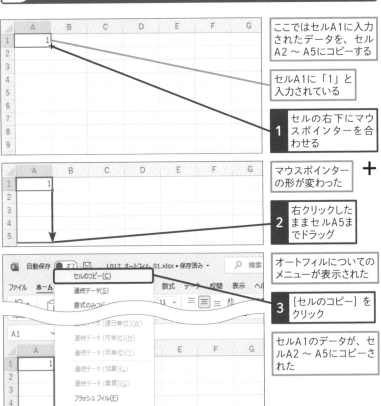

ここではセルA1に入力されたデータを、セルA2～A5にコピーする

セルA1に「1」と入力されている

1 セルの右下にマウスポインターを合わせる

マウスポインターの形が変わった

2 右クリックしたままセルA5までドラッグ

オートフィルについてのメニューが表示された

3 [セルのコピー] をクリック

セルA1のデータが、セルA2～A5にコピーされた

2 ドラッグで連続データを作成する

L013_オートフィル_01.xlsx

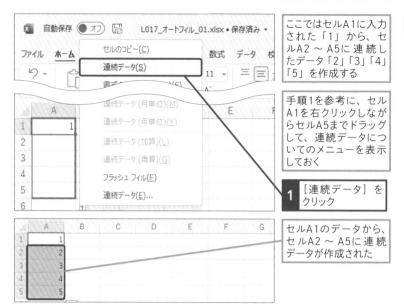

ここではセルA1に入力された「1」から、セルA2 ～ A5に連続したデータ「2」「3」「4」「5」を作成する

手順1を参考に、セルA1を右クリックしながらセルA5までドラッグして、連続データについてのメニューを表示しておく

1 [連続データ] をクリック

セルA1のデータから、セルA2 ～ A5に連続データが作成された

3 月末日付を入力する

L013_オートフィル_02.xlsx

ここではセルB1の「2021/1/31」から、セルC1 ～ G1に月末の日付を入力する

手順1を参考に、セルB1を右クリックしながらセルG1までドラッグして、連続データについてのメニューを表示しておく

1 [連続データ (月単位)] をクリック

セルC1 ～ G1に月末の日付が月単位で入力された

動画で見る

データのコピー、移動　　　　**練習用ファイル**　手順見出しを参照

セルに入力したデータは他のセルにコピーしたり移動したりすることができます。
なお、Excelのコピーと一般用語のコピーは概念が微妙に違うことに注意しましょう。一般用語でいう「コピー」をするには、Excelでは［コピー］と［貼り付け］の2つの操作が必要です。

1 セルの内容をコピーして貼り付ける
L014_データのコピー_01.xlsx

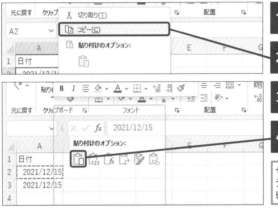

1 セルA2を右クリック

2 ［コピー］をクリック

3 セルA3を右クリック

4 ［貼り付け］をクリック

セルA2に入力されたデータが、セルA3にコピーされた

2 セルの内容を切り取って貼り付ける
L014_データのコピー_02.xlsx

ここではセルA4に入力されたデータを切り取って、セルA3にコピーする

1 セルA4を右クリック

2 ［切り取り］をクリック

● コピーしたセルの内容を貼り付ける

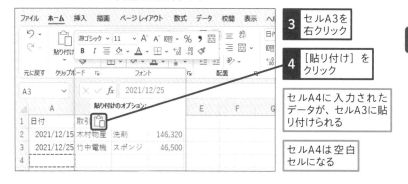

3 セルA3を右クリック

4 [貼り付け] をクリック

セルA4に入力されたデータが、セルA3に貼り付けられる

セルA4は空白セルになる

行や列全体をコピーして貼り付ける

行や列もコピーして貼り付けたり、切り取って貼り付けたりできます。セルの場合と同様の手順ですが、貼り付け先も行や列を選択することに注意しましょう。

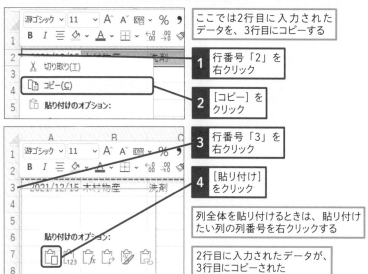

ここでは2行目に入力されたデータを、3行目にコピーする

1 行番号「2」を右クリック

2 [コピー] をクリック

3 行番号「3」を右クリック

4 [貼り付け] をクリック

列全体を貼り付けるときは、貼り付けたい列の列番号を右クリックする

2行目に入力されたデータが、3行目にコピーされた

15 行・列の挿入や削除を するには

データの挿入、削除　　　　　　　**練習用ファイル**　L015_データの挿入.xlsx

表を作成している途中で、行や列を挿入・削除や移動させたくなったときには、行番号や列番号の上で右クリックをしてメニューから操作を選びましょう。複数の行や列を選択すれば、複数の行・列も一気に処理できます。

1 行や列を挿入する

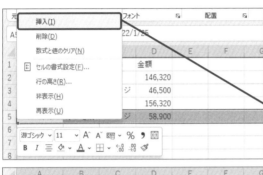

ここでは4行目と5行目の間に、新たに行を挿入する

1 行番号「5」を右クリック

2 [挿入]をクリック

4行目と5行目の間に、新たな行が挿入された

5行目に入力されていたデータが、6行目にずれた

☀ 使いこなしのヒント

コピーした状態を解除するには

Excelのセルや行、列をコピーすると、コピーした箇所が点線で囲まれます。この状態を解除するには、Escキーを押しましょう。なお、任意のセルに文字を入力しても、コピーの状態は解除されます。

2 行や列を削除する

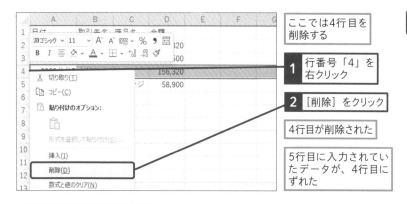

ここでは4行目を削除する

1 行番号「4」を右クリック

2 [削除]をクリック

4行目が削除された

5行目に入力されていたデータが、4行目にずれた

3 コピーした行や列を挿入する

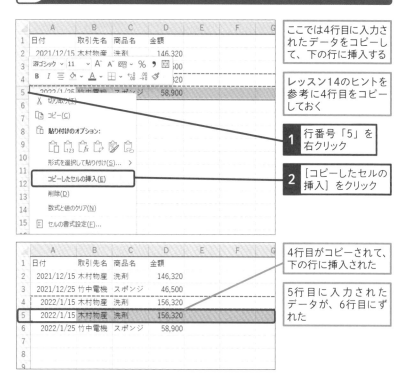

ここでは4行目に入力されたデータをコピーして、下の行に挿入する

レッスン14のヒントを参考に4行目をコピーしておく

1 行番号「5」を右クリック

2 [コピーしたセルの挿入]をクリック

4行目がコピーされて、下の行に挿入された

5行目に入力されたデータが、6行目にずれた

16 行や列の表示・非表示を変更するには

動画で見る

行や列の表示・非表示　　　　練習用ファイル　L016_行や列の表示非表示.xlsx

外部のデータを使って更新するデータなど、セルに入っている情報によっては、常に表示しておかなくてもよいものがあります。そういった情報は、行や列を一時的に非表示にして隠しておき、必要に応じて再表示しましょう。

基本編　第3章　セルの操作方法を覚えよう

1 行や列を非表示にするには

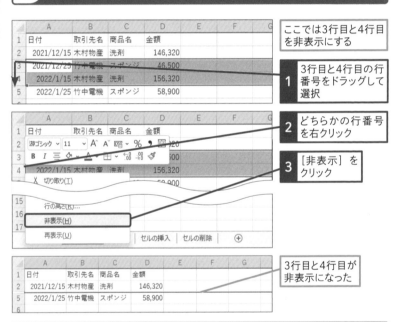

ここでは3行目と4行目を非表示にする

1 3行目と4行目の行番号をドラッグして選択

2 どちらかの行番号を右クリック

3 [非表示]をクリック

3行目と4行目が非表示になった

☀ 使いこなしのヒント

マウス操作で表示・非表示を切り替えるには

レッスン11で紹介した「セルの幅や高さを変更するには」の操作で、列幅や行の高さを0にまで狭めると、その列・行を非表示にできます。

また、マウスポインターを非表示にした行のやや下か非表示にした列のやや右に合わせると、マウスポインターの形が ╪ に変わります。そこからドラッグして行の高さや列の幅を広げる操作をすると、その行・列を再表示できます。

2 行や列を再表示するには

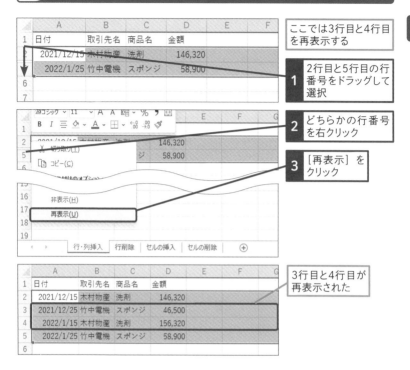

ここでは3行目と4行目を再表示する

1 2行目と5行目の行番号をドラッグして選択

2 どちらかの行番号を右クリック

3 [再表示] をクリック

3行目と4行目が再表示された

使いこなしのヒント

すべての行や列を再表示するには

表の左上の□を押して全セルを選択した後に、行番号（1、2、3、・・・）の上で右クリックをして、右クリックメニューから［再表示］をクリックすると、すべての行を再表示できます。同じように、全セルを選択後、列番号（A、B、C、・・・）の上で右クリックをして、右クリックメニューから［再表示］をするとすべての列を再表示できます。

使いこなしのヒント

先頭の行や列を再表示するには

先頭の行や列を再表示する場合は、上の「使いこなしのヒント」の方法ですべての行あるいは列を再表示するか、前ページの「使いこなしのヒント」で紹介した行の高さ・列幅を広げる操作で再表示します。

動画で見る

大きな表を扱う場合には、表の見出しを固定して常に表示されるようにしましょう。この機能は、総合計金額などサマリー情報を固定表示する用途にも使えます。固定した行や列の中で表示する必要がない部分は非表示にしましょう。

1 ウィンドウ枠を固定する

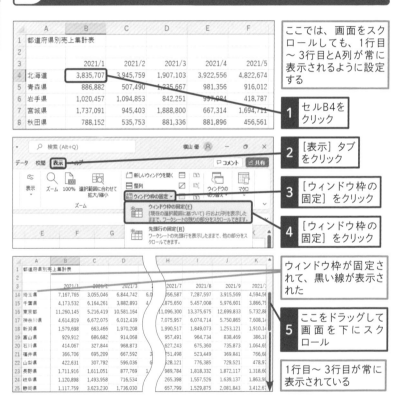

ここでは、画面をスクロールしても、1行目～3行目とA列が常に表示されるように設定する

1 セルB4をクリック

2 [表示] タブをクリック

3 [ウィンドウ枠の固定] をクリック

4 [ウィンドウ枠の固定] をクリック

ウィンドウ枠が固定されて、黒い線が表示された

5 ここをドラッグして画面を下にスクロール

1行目～3行目が常に表示されている

ウィンドウ枠の固定を解除するには

ウィンドウ枠を固定したときと同じ操作をもう一度行うと、ウィンドウ枠の固定を解除できます。リボンの[表示]タブから[ウィンドウ枠の固定]-[ウィンドウ枠の固定の解除]をクリックしましょう。

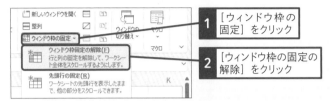

1 [ウィンドウ枠の固定]をクリック

2 [ウィンドウ枠の固定の解除]をクリック

2 行や列の一部を非表示にする

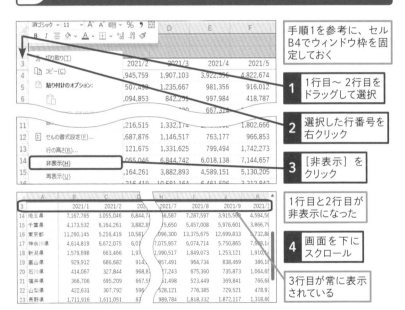

手順1を参考に、セルB4でウィンドウ枠を固定しておく

1 1行目～2行目をドラッグして選択

2 選択した行番号を右クリック

3 [非表示]をクリック

1行目と2行目が非表示になった

4 画面を下にスクロール

3行目が常に表示されている

途中の行だけを固定する

3行目だけを見出しとして常に表示させたいときには、ウィンドウ枠の固定で1行目から3行目を固定したうえで、1行目から2行目を非表示にしましょう。

18 目的のデータを検索するには

検索 | 練習用ファイル L018_検索.xlsx

データ量が増えて目視でデータを探すのが大変なときは検索機能を使いましょう。指定したデータが入力されているセルを簡単に探すことができるほか、該当する箇所を一覧で表示することもできます。特定の列や範囲だけを対象にした検索もできます。

1 シート全体を検索する

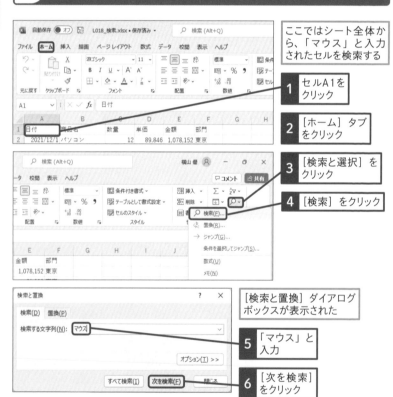

ここではシート全体から、「マウス」と入力されたセルを検索する

1 セルA1をクリック

2 [ホーム] タブをクリック

3 [検索と選択] をクリック

4 [検索] をクリック

[検索と置換] ダイアログボックスが表示された

5 「マウス」と入力

6 [次を検索] をクリック

● 検索を続ける

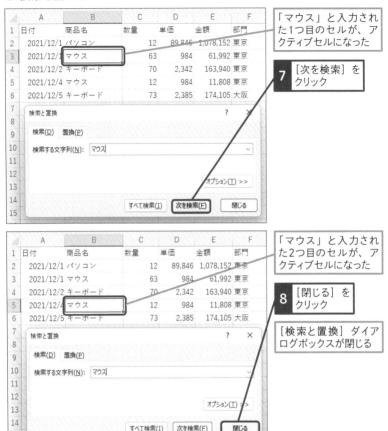

「マウス」と入力された1つ目のセルが、アクティブセルになった

7 [次を検索] をクリック

「マウス」と入力された2つ目のセルが、アクティブセルになった

8 [閉じる] をクリック

[検索と置換] ダイアログボックスが閉じる

次のページに続く ➡

🔆 使いこなしのヒント

シート全体を検索するときはセルの選択範囲に注意する

選択しているセルが1つか複数かで、検索時の挙動が変わるので注意しましょう。本文のように1つのセルだけを選択した状態で検索をすると、シート全体（ある いはブック全体）から入力した値を検索できます。一方で、複数のセルを選択した状態で検索をすると、選択したセルの中だけから指定した値を検索できます。

2 指定したセル範囲を検索する

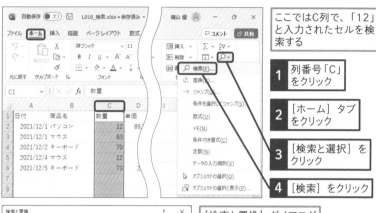

ここではC列で、「12」と入力されたセルを検索する

1 列番号「C」をクリック

2 [ホーム] タブをクリック

3 [検索と選択] をクリック

4 [検索] をクリック

[検索と置換] ダイアログボックスが表示された

5 「12」と入力

6 [次を検索] をクリック

「12」と入力された1つ目のセルが、アクティブセルになった

使いこなしのヒント

検索結果を一覧で表示するには

[検索と置換] ダイアログボックスで、[次を検索] をクリックする代わりに [すべて検索] をクリックすると、検索結果を一覧で表示できます。

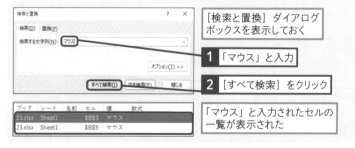

[検索と置換] ダイアログボックスを表示しておく

1 「マウス」と入力

2 [すべて検索] をクリック

「マウス」と入力されたセルの一覧が表示された

基本編 第3章 セルの操作方法を覚えよう

● 2つ目のセルを検索する

7 [次を検索] を
クリック

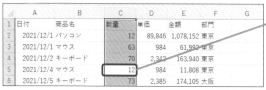

「12」と入力された1
つ目のセルが、アクティ
ブセルになった

8 [閉じる] を
クリック

[検索と置換] ダイアログ
ボックスが閉じる

検索対象を設定しないと検索されないことがある

[検索対象] を [値] にするとセルに表示
された内容から、[数式]にすると数式バー
に表示された内容から検索をすることが
できます。例えば、セルに「1,078,152」、
数式バーに「1078152」と表示されてい
るデータがある場合を考えてみましょう。

このとき、このセルを「1,078」で検索
するには [検索対象] を [値] に設定す
る必要があります。あるいは、このセル
を「1078」で検索するには [検索対象]
を [数式] にする必要があります。

[検索対象] を [値] に
設定してある

「1,078」でセルE2が
検索対象となる

[検索対象] を [数式] に
設定してある

「1,078」だとセルE2は
検索対象とならない

検索したデータを置換するには

置換　　　　　　　　　　　　　　　練習用ファイル　L019_置換.xlsx

［検索と置換］の機能を使うと、セルに入力されたデータのうち、指定したデータを別のデータに置き換えることができます。複数のセルに入力された内容を一気に修正したいときは、置換の機能を使うと漏れなく修正できます。

1　データを1つずつ置換する

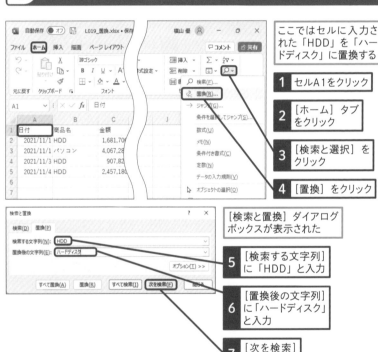

ここではセルに入力された「HDD」を「ハードディスク」に置換する

1　セルA1をクリック

2　［ホーム］タブをクリック

3　［検索と選択］をクリック

4　［置換］をクリック

［検索と置換］ダイアログボックスが表示された

5　［検索する文字列］に「HDD」と入力

6　［置換後の文字列］に「ハードディスク」と入力

7　［次を検索］をクリック

● データが置換された

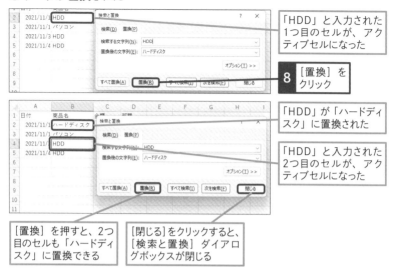

「HDD」と入力された
1つ目のセルが、アク
ティブセルになった

8 [置換]を
クリック

「HDD」が「ハードディ
スク」に置換された

「HDD」と入力された
2つ目のセルが、アク
ティブセルになった

[置換]を押すと、2つ
目のセルも「ハードディ
スク」に置換できる

[閉じる]をクリックすると、
[検索と置換]ダイアロ
グボックスが閉じる

2 一度にデータを置換する

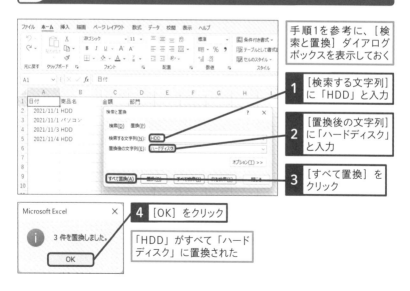

手順1を参考に、[検
索と置換]ダイアログ
ボックスを表示しておく

1 [検索する文字列]
に「HDD」と入力

2 [置換後の文字列]
に「ハードディスク」
と入力

3 [すべて置換]を
クリック

4 [OK]をクリック

「HDD」がすべて「ハード
ディスク」に置換された

20 フィルターを使って条件に合う行を抽出するには

フィルター　　　　　　　　　　　**練習用ファイル**　L020_フィルター .xlsx

表の中から目的のデータが入力された行だけを抽出して表示するには［フィルター］の機能を使いましょう。複数のデータを指定したり、「〜で始まる」「〜から〜まで」など複雑な条件を指定したりすることができます。

基本編

第**3**章

セルの操作方法を覚えよう

1 フィルターボタンを表示する

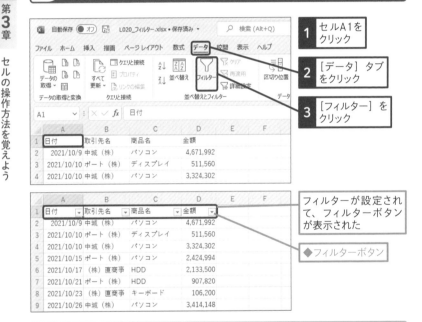

1 セルA1をクリック

2 ［データ］タブをクリック

3 ［フィルター］をクリック

フィルターが設定されて、フィルターボタンが表示された

◆フィルターボタン

💡 使いこなしのヒント

表に空行・空列がないか注意しよう

フィルターボタンを表示する表に空行や空列があると、空行や空列の手前までしかフィルターの対象になりません。このようなトラブルを防ぐために、まずは、空行や空列がない表を作るように心がけ

ましょう。もし、表の中に空行や空列を入れざるを得ない場合には、表全体を選択してフィルターボタンを表示する操作をしましょう。これで、表全体をフィルターの対象にすることができます。

2 特定の条件を満たす行を抽出する

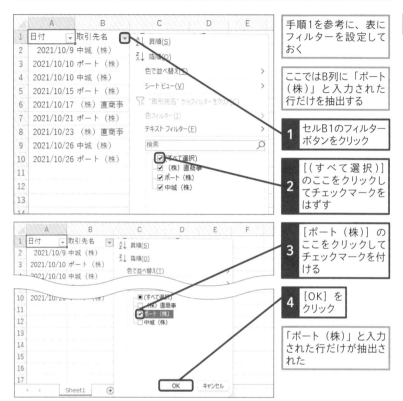

	手順
	手順1を参考に、表にフィルターを設定しておく
	ここではB列に「ポート（株）」と入力された行だけを抽出する
1	セルB1のフィルターボタンをクリック
2	[(すべて選択)]のここをクリックしてチェックマークをはずす
3	[ポート（株）]のここをクリックしてチェックマークを付ける
4	[OK]をクリック
	「ポート（株）」と入力された行だけが抽出された

使いこなしのヒント

フィルターボタンを表示するときは選択するセルに注意する

複数のセルを選択した状態でフィルターボタンを表示する操作をすると、表全体ではなく選択したセルの一番上の行を見出し行と認識してフィルターが設定されます。表全体にフィルターを設定したいときには、いったんフィルターボタンを消して、もう一度、1つのセルか表全体を選択した状態でフィルターボタンを表示する操作をやり直しましょう。

使いこなしのヒント

フィルターボタンの形で抽出されているかどうかがわかる

フィルターで条件を指定している場合、　フィルターボタンが ▼ の形に変わります。

次のページに続く →

3 抽出条件を解除するには

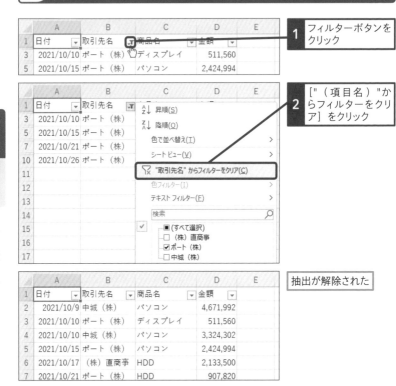

	A	B	C	D	E
1	日付 ▼	取引先名 🔽	商品名 ▼	金額 ▼	
3	2021/10/10	ポート（株）	ディスプレイ	511,560	
5	2021/10/15	ポート（株）	パソコン	2,424,994	

1 フィルターボタンを クリック

2 ["（項目名）"からフィルターをクリア] をクリック

- A↓ 昇順(S)
- Z↓ 降順(O)
- 色で並べ替え(T) >
- シート ビュー(V) >
- ▽ "取引先名" からフィルターをクリア(C)
- 色フィルター(I) >
- テキスト フィルター(F) >
- 検索 🔍
  - ✓ ■(すべて選択)
  - □ （株）直商事
  - ✓ ポート（株）
  - □ 中城（株）

抽出が解除された

	A	B	C	D	E
1	日付 ▼	取引先名 ▼	商品名 ▼	金額 ▼	
2	2021/10/9	中城（株）	パソコン	4,671,992	
3	2021/10/10	ポート（株）	ディスプレイ	511,560	
4	2021/10/10	中城（株）	パソコン	3,324,302	
5	2021/10/15	ポート（株）	パソコン	2,424,994	
6	2021/10/17	（株）直商事	HDD	2,133,500	
7	2021/10/21	ポート（株）	HDD	907,820	

🔅 使いこなしのヒント

すべての列の抽出条件を一気に解除する

フィルターで条件を指定している場合に、[データ] タブをクリックして [並べ替えとフィルター] の [クリア] をクリックすると、すべての列のフィルターで設定した抽出条件を一気に解除できます。

1 [データ] タブ をクリック

2 [クリア] を クリック

抽出条件が解除される

4 複雑な条件で行を抽出する

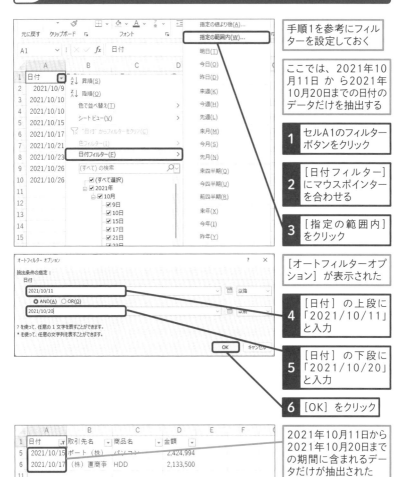

手順1を参考にフィルターを設定しておく		

ここでは、2021年10月11日から2021年10月20日までの日付のデータだけを抽出する

1 セルA1のフィルターボタンをクリック

2 [日付フィルター]にマウスポインターを合わせる

3 [指定の範囲内]をクリック

[オートフィルターオプション]が表示された

4 [日付]の上段に「2021/10/11」と入力

5 [日付]の下段に「2021/10/20」と入力

6 [OK]をクリック

2021年10月11日から2021年10月20日までの期間に含まれるデータだけが抽出された

次のページに続く ➡

💡 使いこなしのヒント

複数の項目で絞り込むには

フィルターの抽出条件では1つの列で複数の項目を指定することもできます。フィルターボタンを押して項目を表示し、複数の項目にチェックマークを付ければ、複数の項目が条件に指定されます。

5 複数の条件で行を抽出する

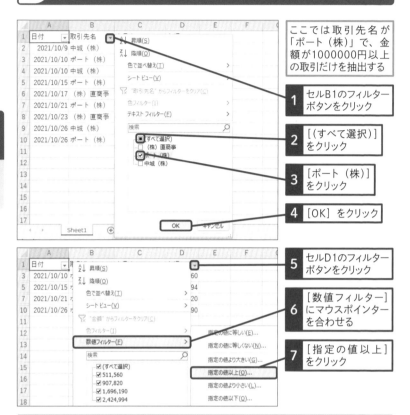

ここでは取引先名が「ポート（株）」で、金額が1000000円以上の取引だけを抽出する

1 セルB1のフィルターボタンをクリック

2 [(すべて選択)]をクリック

3 [ポート（株）]をクリック

4 [OK]をクリック

5 セルD1のフィルターボタンをクリック

6 [数値フィルター]にマウスポインターを合わせる

7 [指定の値以上]をクリック

使いこなしのヒント

フィルターとコピー・貼り付けの関係に注意する

フィルターがかかった状態の表をコピーして、別のシートに貼り付けをするとフィルターで表示されている行だけを転記できます。表の一部の行だけを転記したいときにとても便利です。

使いこなしのヒント

複数の列に対する条件は「～かつ～」で指定される

2つの列にフィルタの抽出条件を設定した場合、その2つの条件は「～かつ～」で指定したのと同じ意味になります。つまり、その2つの列の両方の抽出条件を満たす行だけが表示されます。

● 2つ目の条件を設定する

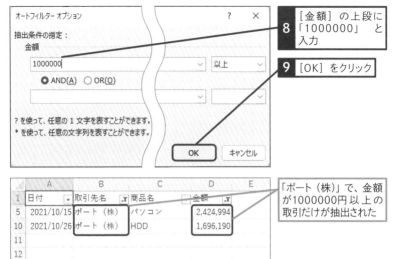

20 フィルター

8 [金額] の上段に「1000000」と入力

9 [OK] をクリック

「ポート（株）」で、金額が1000000円以上の取引だけが抽出された

	A	B	C	D	E
1	日付	取引先名	商品名	金額	
5	2021/10/15	ポート（株）	パソコン	2,424,994	
10	2021/10/26	ポート（株）	HDD	1,696,190	
11					
12					

使いこなしのヒント

フィルターを解除する

表からフィルターを解除したい場合は、表が含まれているシートの任意のセルをクリックして、[フィルター] ボタンを押して設定を解除します。フィルターが解除されると、表の項目はフィルターの設定前の状態に戻ります。

フィルターが設定されている

1 [データ] タブをクリック

2 [フィルター] をクリック

フィルターボタンが消え、フィルターも解除された

	A	B	C	D
1	日付	取引先名	商品名	金額
2	2021/10/9	中城（株）	パソコン	4,671,992
3	2021/10/10	ポート（株）	ディスプレイ	511,560
4	2021/10/10	中城（株）	パソコン	3,324,302
5	2021/10/15	ポート（株）	パソコン	2,424,994
6	2021/10/17	（株）直商事	HDD	2,133,500
7	2021/10/21	ポート（株）	HDD	907,820
8	2021/10/23	（株）直商事	キーボード	106,200
9	2021/10/26	中城（株）	パソコン	3,414,148
10	2021/10/26	ポート（株）	HDD	1,696,190
11				

21 データの順番を並べ替えるには

動画で見る

並べ替え　　　　　　　　　　　　　**練習用ファイル**　L021_並べ替え.xlsx

作成したデータを見やすいように順番を並べ替えることができます。並べ替えの機能は一見便利ですが、安易に並べ替えを行うとデータが壊れたり、元の状態に戻すのが大変だったりする場合もあるため、使うときには注意が必要です。

1 データを並べ替える

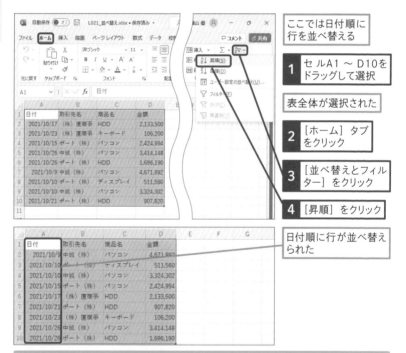

ここでは日付順に行を並べ替える

1 セルA1 ～ D10をドラッグして選択

表全体が選択された

2 [ホーム] タブをクリック

3 [並べ替えとフィルター] をクリック

4 [昇順] をクリック

日付順に行が並べ替えられた

使いこなしのヒント

空行・空列がある表の並べ替えには注意する

セルA1を選択して並べ替えもできますが、その方法は使わないことを強くおすすめします。表の中に空行・空列があると、その手前までしか並べ替えが行われないためです。空列がある場合はデータの内容がずれてしまうので注意しましょう。

2 複数の条件でデータを並べ替える

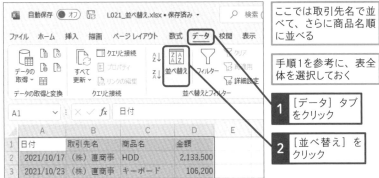

	ここでは取引先名で並べて、さらに商品名順に並べる
	手順1を参考に、表全体を選択しておく
1	[データ] タブをクリック
2	[並べ替え] をクリック

● 優先されるキーを設定する

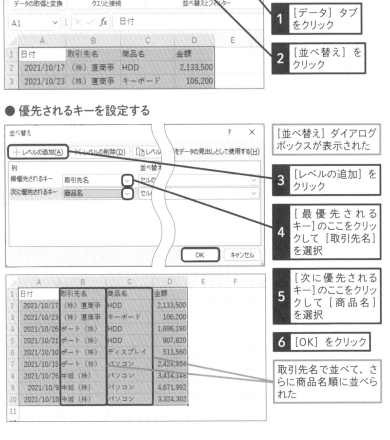

	[並べ替え] ダイアログボックスが表示された
3	[レベルの追加] をクリック
4	[最優先されるキー]のここをクリックして [取引先名]を選択
5	[次に優先されるキー]のここをクリックして [商品名]を選択
6	[OK] をクリック
	取引先名で並べて、さらに商品名順に並べられた

スキルアップ

先頭行を見出しにする

「先頭行をデータの見出しとして使用する」にチェックを入れると、先頭行は見出しとして扱われて並べ替えの対象になりません。逆に、チェックを入れないと先頭行もデータとして並べ替えの対象になります。このチェックボックスは、データの内容により自動的にチェックが入る場合と入らない場合があるので、並べ替え前にチェックの有無を確認しましょう。

基本編 第3章 セルの操作方法を覚えよう

この部分のチェックを
確認する

チェックが入っている
場合は、先頭行は並
べ替えの対象には入ら
ない

	A	B	C	D
1	日付	取引先名	商品名	金額
2	2021/10/9	中城（株）	パソコン	4,671,992
3	2021/10/10	ポート（株）	ディスプレイ	511,560
4	2021/10/10	中城（株）	パソコン	3,324,302
5	2021/10/15	ポート（株）	パソコン	2,424,994
6	2021/10/17	（株）直商事	HDD	2,133,500
7	2021/10/21	ポート（株）	HDD	907,820
8	2021/10/23	（株）直商事	キーボード	106,200
9	2021/10/26	中城（株）	パソコン	3,414,148
10	2021/10/26	ポート（株）	HDD	1,696,190
11				

基本編

第**4**章

数式や関数を
使ってみよう

この章では、数式とはどういうものか、足し算・引き算
などの計算をする方法、他のセルの値を参照する方法、
関数を使う方法など、数式の基本的な使い方を紹介し
ます。

22 足し算や掛け算などを するには

数式の入力　　　　　　　　　　　　　練習用ファイル　なし

数式を使って足し算・掛け算などの計算をしてみましょう。最初に「=」を入力した後に式を入力すると、セルに計算結果を表示できます。数式は全角ではなく半角で入力しましょう。

1 数式を入力するときのルール

数式を入力するときには、先頭に半角の「=」を入力後、計算させたい式を入力しましょう。Enter キーを押すと計算結果が表示されます。

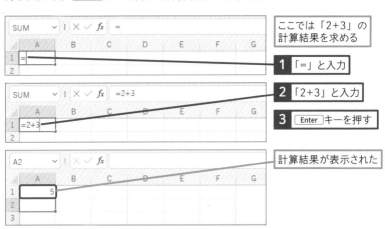

ここでは「2+3」の計算結果を求める

1 「=」と入力

2 「2+3」と入力

3 Enter キーを押す

計算結果が表示された

☀ 使いこなしのヒント

よく使う演算記号を覚えよう

掛け算は「*」（Shift + : キー）、割り算は「/」の記号を使うことに気を付けてください。

●記号と意味

記号	意味	計算式の例	計算結果
+	足し算	=14+2	16
-	引き算	=14-2	12
*	掛け算	=14*2	28
/	割り算	=14/2	7

数式バーにも表示される

数式を入力したセルをクリックすると数式バーに元々の数式が表示されます。この後、数式バーをクリックすると数式バー内で数式を編集できます。

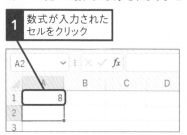

> 1 数式が入力された
> セルをクリック

> 入力されている数式が、
> 数式バーに表示される

> 数式バーで、数式を
> 編集することもできる

2 数式を編集する

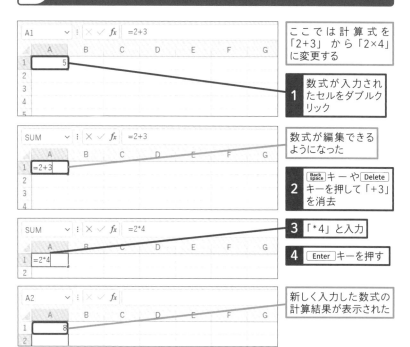

> ここでは計算式を
> 「2+3」から「2×4」
> に変更する

> 1 数式が入力され
> たセルをダブルク
> リック

> 数式が編集できる
> ようになった

> 2 `Back space` キーや `Delete`
> キーを押して「+3」
> を消去

> 3 「*4」と入力

> 4 `Enter` キーを押す

> 新しく入力した数式の
> 計算結果が表示された

セルの値を使って計算するには

動画で見る

参照先のセルを指定した数式の入力　**練習用ファイル**　L023_セルの値で計算.xlsx

数式では他のセルの値を使った計算ができます。例えば、他のセルに入力されている数量と単価を掛けた金額を計算することができます。数式内で使ったセルの値が変わると数式の計算結果も連動して変わります。

基本編　第4章　数式や関数を使ってみよう

1　他のセルを参照して計算する

数式中の数字の代わりに、「B2」「C2」などのセル番地を入力すると、そのセルに入っている値を使って計算できます。セル番地は、数式入力中に参照したいセルをクリックすると入力できます。

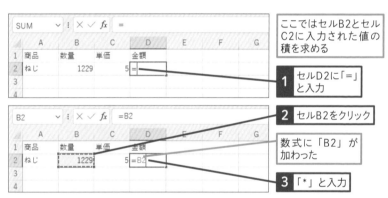

ここではセルB2とセルC2に入力された値の積を求める

1 セルD2に「=」と入力

2 セルB2をクリック

数式に「B2」が加わった

3 「*」と入力

使いこなしのヒント

参照しているセルの値が変わると数式の計算結果も変わる

数式内で参照しているセルの値が変わると、自動的に数式の計算結果も更新されます。例えば、このレッスンの表でセルB2を「1200」に修正すると、連動してセルD2の計算結果も「6000」に変わります。

1 セルB2をクリック

2 「1200」と入力

セルD2の計算結果が変わった

● 値の積を求める

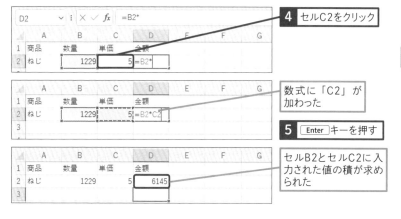

4 セルC2をクリック

数式に「C2」が加わった

5 Enter キーを押す

セルB2とセルC2に入力された値の積が求められた

使いこなしのヒント

「=」の後にセル番地だけを入力すると同じものが表示される

「=A1」「=B2」など、「=」の後にセル番地を入力すると、指定したセルの値をそのまま転記できます。なお、数式で指定したセルが空欄の場合には、例外的に計算結果は「0」になることに注意してください。例えば、セルA1が空欄のときに、セルB1に「=A1」と入力すると、セルB1には「0」と表示されます。

使いこなしのヒント

入力モードと編集モード

セル入力時には、入力モードと編集モードという2つの状態があります。このうち、数式入力時に、矢印キーでセルを選択できるのは入力モードの場合だけです。入力モードと編集モードは F2 キーで切り替えられます。編集モードになっている場合には F2 キーで入力モードに切り替えてから矢印キーを押してください。どちらのモードになっているかは画面左下のステータスバーに表示されています。

使いこなしのヒント

セルに直接入力してもよい

数式内で参照するセルの番地は手入力もできます。ですから、「=B2*C2」と全文字をキーボードで入力して Enter キーを押しても構いません。また「=b2*c2」のように小文字で入力しても問題ありません。Enter キーを押すと、自動的に大文字に変換されます。

24 数式や値を貼り付けるには

動画で見る

数式のコピー、値の貼り付け　　**練習用ファイル**　手順見出しを参照

数式が入っているセルをコピーして貼り付けるときには、「数式」か「計算結果である値」かのどちらを貼り付けるかで結果が変わります。数式を貼り付けるときには、数式内のセル参照がずれて貼り付けられることに注意しましょう。

基本編　第4章　数式や関数を使ってみよう

1 数式をコピーして貼り付ける

L024_数式のコピー_01.xlsx

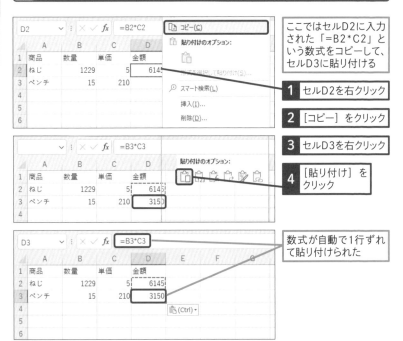

ここではセルD2に入力された「=B2*C2」という数式をコピーして、セルD3に貼り付ける

1 セルD2を右クリック

2 [コピー] をクリック

3 セルD3を右クリック

4 [貼り付け] をクリック

数式が自動で1行ずれて貼り付けられた

使いこなしのヒント

貼り付け先のセルをクリックして、貼り付けた数式を確認する

貼り付け後の数式は、貼り付けたセルをクリックして確認できます。本文の例では、セルD3をクリックすると、数式バーに「=B3*C3」と表示されます。

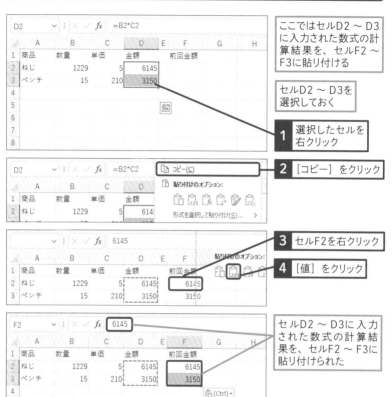

ここではセルD2 ～ D3に入力された数式の計算結果を、セルF2 ～ F3に貼り付ける

セルD2 ～ D3を選択しておく

1 選択したセルを右クリック

2 [コピー] をクリック

3 セルF2を右クリック

4 [値] をクリック

セルD2 ～ D3に入力された数式の計算結果を、セルF2 ～ F3に貼り付けられた

使いこなしのヒント

値で貼り付けるには

値で貼り付けるとは、数式が入力されている場合に、計算結果（＝値）を貼り付けることをいいます。通常通りコピーの操作をした後、貼り付けるときに [値] のアイコン（📋）をクリックすると値で貼り付けができます。

使いこなしのヒント

元のセルに値で貼り付けをして数式を計算結果に置き換える

数式が入力されているセルをコピーして同じセルに値で貼り付けをすると、数式を値に置き換えることができます。例えば、本文のセルD2 ～ D3をコピーして、同じセルに貼り付けるとセルD2 ～ D3の数式が値に置き換わります。

25 関数で足し算をするには

動画で見る

SUM関数、オートSUM　　**練習用ファイル**　手順見出しを参照

オートSUMを使ってSUM関数を入力してみましょう。SUM関数を使うと指定したセルすべての合計を計算できます。オートSUMをうまく使うと、縦横の合計を一気に計算したり、段階別の合計を計算したりすることもできます。

基本編　第4章　数式や関数を使ってみよう

1 SUM関数とは

SUM関数を使うときには、1つ以上の引数を指定します。

= SUM （①数値 , ②数値 , …）

①数値、②数値の部分には、合計したいセルを1つ以上指定します。セルの代わりに、複数のセル（セル範囲）や数値を指定することもできます。

例1：
= SUM （B2 : B4）

| ❶ セル範囲 セル B2 から B4 | の値を合計する |

例2：
= SUM （B4 , B7）

| ❶ セル範囲 セル B4 | の値と | ❷ セル範囲 セル B7 | の値を合計する |

⌨ ショートカットキー

オートSUM
`Shift` + `Alt` + `=`

🔍 用語解説

セル範囲

連続する複数のセルのことをセル範囲といいます。

💡 使いこなしのヒント

関数とは

関数とは、数式中で使える定型の計算を行う機能です。先頭に数式を表す「=」を入力し、その後に関数名、続けて括弧で囲んで「引数」を入力します。引数が2つ以上ある場合はカンマで区切ります。

◆括弧　◆括弧

= 関数名（引数 1 , 引数 2 , …）

◆カンマ　◆カンマ

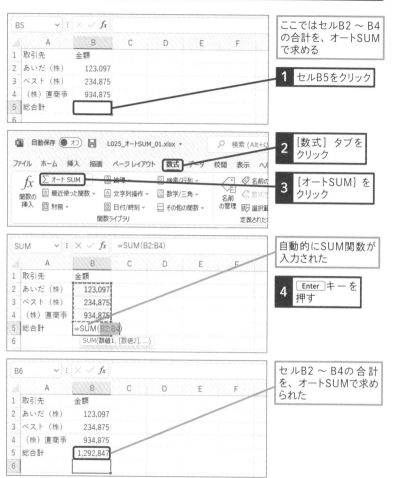

ここではセルB2 ~ B4の合計を、オートSUMで求める

1 セルB5をクリック

2 [数式] タブをクリック

3 [オートSUM] をクリック

自動的にSUM関数が入力された

4 Enter キーを押す

セルB2 ~ B4の合計を、オートSUMで求められた

次のページに続く ➡

使いこなしのヒント

セル範囲は「：」で指定する

引数にセル範囲を指定するときには、セル範囲の左上のセルと右下のセルを「:」（コロン）で区切って指定します。例えば「=SUM(D2:D4)」と入力すればセルD2、セルD3、セルD4の合計、「=SUM(D2:E4)」と入力すればセルD2、セルD3、セルD4、セルE2、セルE3、セルE4の合計を計算できます。

3 合計結果をさらに合計する

L025_オートSUM_02.xlsx

ここではセルB2 ～ B3の合計をセルB4に、セルB5 ～ B6の合計をセルB7に表示する

1 セルB4をクリック

2 [数式] タブをクリック

3 [オートSUM] をクリック

4 Enter キーを押す

	A	B	C	D	E	F
1	取引先	金額				
2	あいだ（株）	123,097				
3	ベスト（株）	234,875				
4	仙台 計	357,972				
5	（株）直商亭	934,875				
6	CSC（株）	1,230,975				
7	東京 計					
8	総合計					
9						

セルB2 ～ B3の合計が求められた

5 セルB7をクリック

操作1 ～ 4と同様の手順でセルB5 ～ B6の合計を求める

🔅 使いこなしのヒント

[オートSUM] ボタンとサブメニューで操作が異なる

オートSUMを使うときにはクリックする場所で挙動が変わります。[オートSUM]（∑）の部分をクリックすると即座にSUM関数が入力されます。一方で、その横の🔽をクリックすると計算方法を選択するサブメニューが表示されます。そのサブメニューから「合計」を選ぶとSUM関数が入力されます。

🔅 使いこなしのヒント

小計・総合計と2段階で合計を求めるときは

オートSUMを使うとこの手順の後半で紹介するように、小計・総合計と2段階で合計をとるような表のSUM関数も入力できます。

● その他のセル範囲の合計を求める

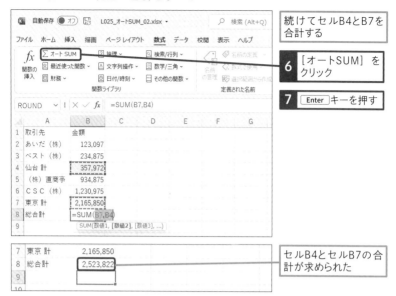

続けてセルB4とB7を
合計する

6 [オートSUM] を
クリック

7 Enter キーを押す

セルB4とセルB7の合
計が求められた

縦横計を計算する

次のような表があるときに、セルB2～
E5を選択して、[オートSUM]をクリック
すると、セルB5～D5、セルE2～E5に

SUM関数が入力され、縦計・横計を一度
に計算できます。

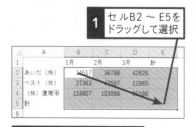

1 セルB2～E5を
ドラッグして選択

2 [オートSUM] をクリック

縦横計が一度に計算された

	A	B	C	D	E
1		1月	2月	3月	計
2	あいだ（株）	14517	36798	42626	93941
3	ベスト（株）	27363	47597	12965	87925
4	（株）直商手	124807	103098	99186	327091
5	計	166687	187493	154777	508957
6					

26 四捨五入をするには

動画で見る

ROUND関数	練習用ファイル	L026_ROUND関数.xlsx

計算結果を四捨五入するときはROUND関数を使いましょう。例えば、本体代金から消費税額を計算する場合や、定価に値引率を掛けて値引額を計算する場合など、計算結果に端数が出る場合にはROUND関数で端数処理をしましょう。

1 ROUND関数とは

ROUND関数は、指定した数値を指定した桁数に四捨五入する関数です。ROUND関数では、引数を2つ指定します。

=ROUND(数値 , 桁数)

❶ 数値 の端数を切り上げて

❷ 桁数 に四捨五入する

---

2 ROUND関数を入力する

ROUND関数はオートSUMでは入力できません。そこで [関数の挿入] ダイアログボックスを使って入力してみましょう。

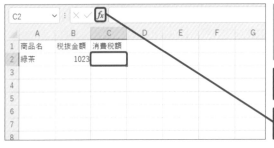

ここではセルB2に入力された金額の10%の値を求め、四捨五入して整数にする

1 セルC2をクリック

2 [関数の挿入] をクリック

● ROUND関数の入力を続ける

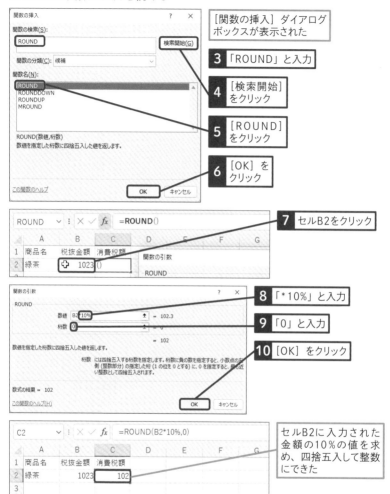

[関数の挿入] ダイアログ
ボックスが表示された

3 「ROUND」と入力

4 [検索開始]
をクリック

5 [ROUND]
をクリック

6 [OK] を
クリック

7 セルB2をクリック

8 「*10%」と入力

9 「0」と入力

10 [OK] をクリック

セルB2に入力された
金額の10％の値を求
め、四捨五入して整数
にできた

☀ 使いこなしのヒント

ROUND関数と表示形式を使い分けよう

ROUND関数は、本文中の例のように四
捨五入した結果の数値が必要なときに使
いましょう。一方で、端数処理結果を画
面上に表示したいだけなら関数を使う必

要はありません。このときには、表示形
式の分類で「数値」を選ぶと、指定した
桁数で四捨五入で表示できます（レッス
ン12参照）。

スキルアップ

桁数の設定で計算結果が変わる

ROUND関数の2つ目の引数には、四捨五入してどの桁まで表示するかを数字で指定します。例えば、元の数値が「123.456」のとき、桁数の指定に応じて計算結果は次の表のように変わります。

●桁数の指定と計算結果

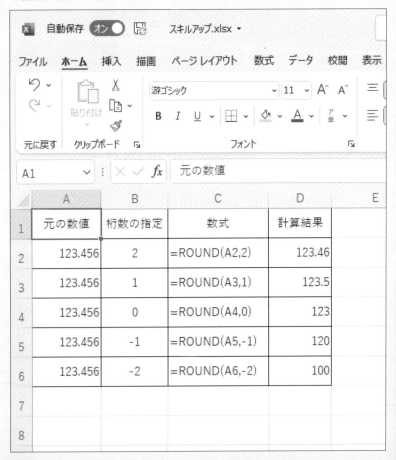

基本編

第 5 章

表の見栄えを
整えよう

この章では、セルの中での文字の配置場所を変える、
文字の大きさ・色やセルの背景色を変える、罫線を引く
などの方法で、表の見栄えを整える方法を紹介します。

レッスン

27 文字の位置を調整するには

文字の位置 　　　　　　　　　**練習用ファイル**　手順見出しを参照

表の見出しを中央揃え、下揃えなどで表示したいときにはセル内の文字の配置の設定を変えましょう。セルを結合して複数のセルにまたがって文字を配置したり、長いデータをセル内で折り返したり、縮小して表示したりすることもできます。

基本編　第5章　表の見栄えを整えよう

1 文字の表示位置を変更する
L027_文字の位置_01.xlsx

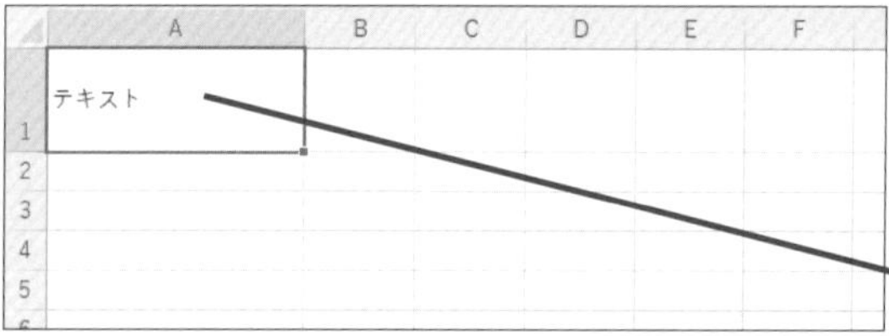

ここではセルA1内で、右下にそろうように文字の表示位置を変更する

1 セルA1をクリック

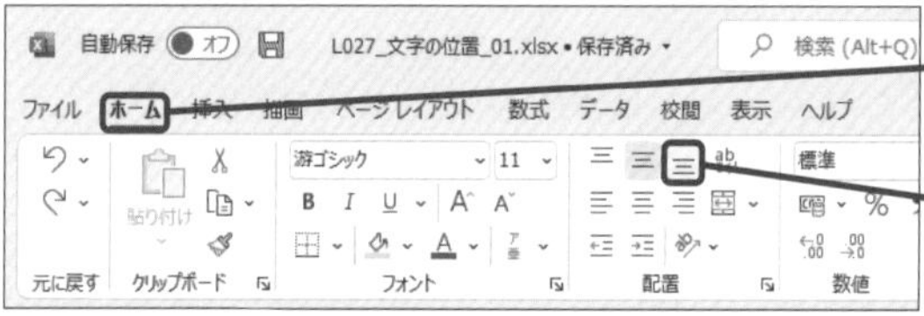

2 [ホーム] タブをクリック

3 [下揃え] をクリック

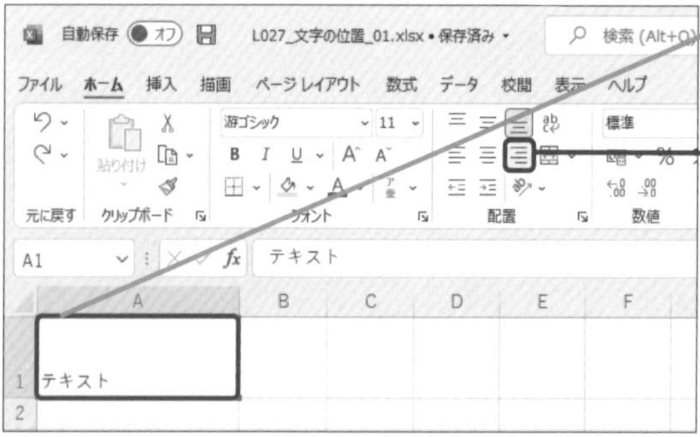

文字の位置が、セル内の下側に移動した

4 [右揃え] をクリック

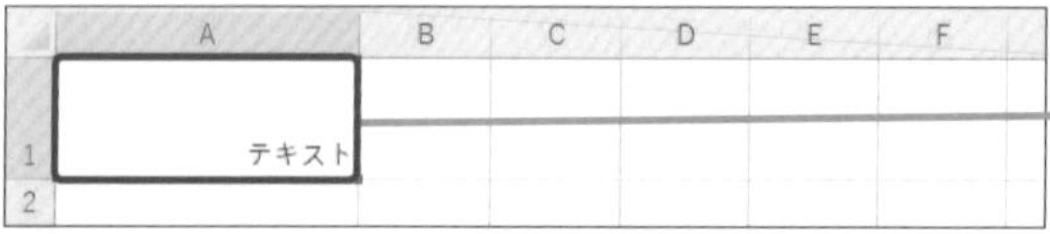

セルA1内で、右下にそろうように文字の表示位置が変更された

上下左右に文字を配置できる

[配置] のアイコンを押すと、セルに入力した文字を上下・左右のどの位置に揃えて表示するかを指定できます。なお、設定済みの [左揃え] [中央揃え] [右揃え] のアイコンをもう一度クリックすると、左右揃えの設定は [標準] に戻ります。

●文字の配置

アイコン	名称	結果
≡	上揃え	Excel
≡	上下中央揃え	Excel
≡	下揃え	Excel

アイコン	名称	結果
≡	左揃え	Excel
≡	中央揃え	Excel
≡	右揃え	Excel

2 セルを結合する

L027_文字の位置_02.xlsx

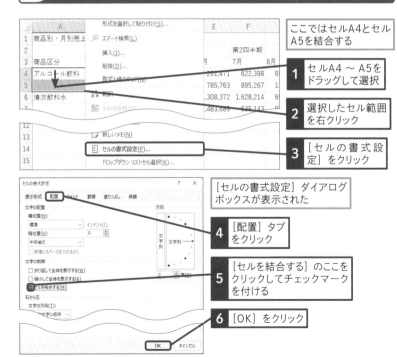

ここではセルA4とセルA5を結合する

1 セルA4 〜 A5をドラッグして選択

2 選択したセル範囲を右クリック

3 [セルの書式設定] をクリック

[セルの書式設定] ダイアログボックスが表示された

4 [配置] タブをクリック

5 [セルを結合する] のここをクリックしてチェックマークを付ける

6 [OK] をクリック

次のページに続く →

● セルが結合した

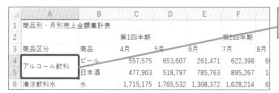

セルA4とセルA5が結合した

3 文字を折り返して表示する

L027_文字の位置_03.xlsx

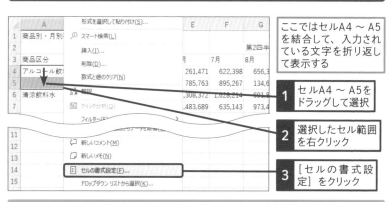

ここではセルA4 ～ A5を結合して、入力されている文字を折り返して表示する

1 セルA4 ～ A5をドラッグして選択

2 選択したセル範囲を右クリック

3 [セルの書式設定] をクリック

セル内で改行する

セルをダブルクリックして編集可能な状態にして、Alt + Enter キーでセル内に　改行を入れることができます。

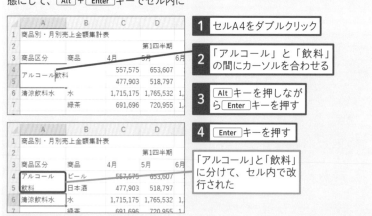

1 セルA4をダブルクリック

2 「アルコール」と「飲料」の間にカーソルを合わせる

3 Alt キーを押しながら Enter キーを押す

4 Enter キーを押す

「アルコール」と「飲料」に分けて、セル内で改行された

基本編 第5章 表の見栄えを整えよう

● 折り返しを設定する

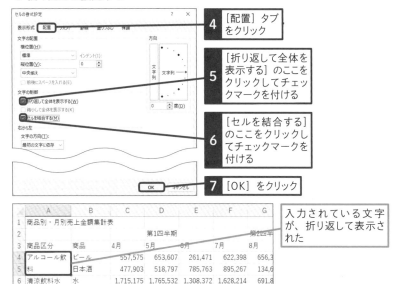

4 [配置] タブをクリック

5 [折り返して全体を表示する] のここをクリックしてチェックマークを付ける

6 [セルを結合する] のここをクリックしてチェックマークを付ける

7 [OK] をクリック

	A	B	C	D	E	F	G
1	商品別・月別売上金額集計表						
2				第1四半期			第2四半期
3	商品区分	商品	4月	5月	6月	7月	8月
4	アルコール飲	ビール	557,575	653,607	261,471	622,398	656,3
5	料	日本酒	477,903	518,797	785,763	895,267	134,6
6	清涼飲料水	水	1,715,175	1,765,532	1,308,372	1,628,214	691,8

入力されている文字が、折り返して表示された

🔅 使いこなしのヒント

文字を縮小して表示する

文字数が多くて表示しきれない場合は、セルの幅にあわせて縮小できます。文字が小さくなりすぎた場合は、セルの幅か文字数を調整しましょう。

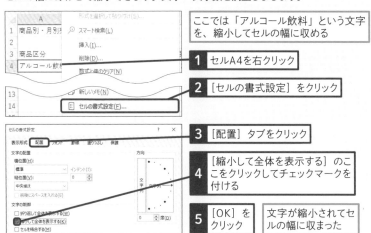

ここでは「アルコール飲料」という文字を、縮小してセルの幅に収める

1 セルA4を右クリック

2 [セルの書式設定] をクリック

3 [配置] タブをクリック

4 [縮小して全体を表示する] のここをクリックしてチェックマークを付ける

5 [OK] をクリック　文字が縮小されてセルの幅に収まった

28 文字や背景を変更するには

フォントやセルの設定　　　**練習用ファイル**　L028_文字や背景の変更.xlsx

重要な部分を強調するために、下線を引いたり、文字の色、セルの背景色やフォントの種類・大きさを変えたりして表を見やすく整えましょう。セル内の一部の文字にだけ下線を引くなどの装飾をすることもできます。

1 文字の大きさを変更する

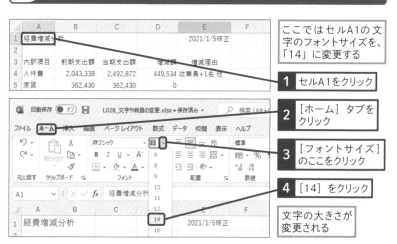

ここではセルA1の文字のフォントサイズを、「14」に変更する

1 セルA1をクリック

2 [ホーム] タブをクリック

3 [フォントサイズ] のここをクリック

4 [14] をクリック

文字の大きさが変更される

2 文字を装飾する

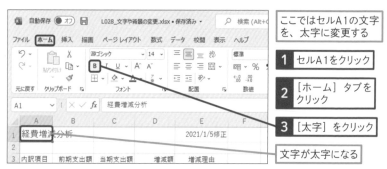

ここではセルA1の文字を、太字に変更する

1 セルA1をクリック

2 [ホーム] タブをクリック

3 [太字] をクリック

文字が太字になる

3 文字の種類を変更する

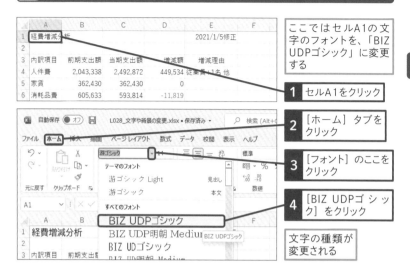

ここではセルA1の文字のフォントを、「BIZ UDPゴシック」に変更する

1 セルA1をクリック

2 [ホーム] タブをクリック

3 [フォント] のここをクリック

4 [BIZ UDPゴシック] をクリック

文字の種類が変更される

4 セルの色を変える

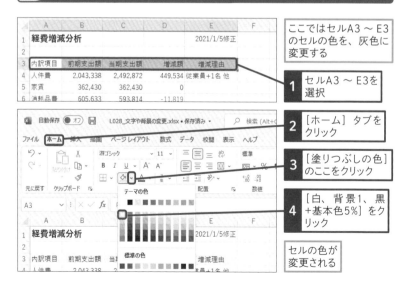

ここではセルA3 ~ E3のセルの色を、灰色に変更する

1 セルA3 ~ E3を選択

2 [ホーム] タブをクリック

3 [塗りつぶしの色] のここをクリック

4 [白、背景1、黒+基本色5%] をクリック

セルの色が変更される

29 罫線を引くには

| 罫線 | 練習用ファイル | L029_罫線.xlsx |

表が完成したら、セルの境目に罫線を引いて表を見やすく整えましょう。もともと画面に表示されているセルの境目の薄い線は印刷時には出力されないので、印刷時に罫線を出力したいときには、罫線を引く必要があります。

1 複数のセルに罫線を引く

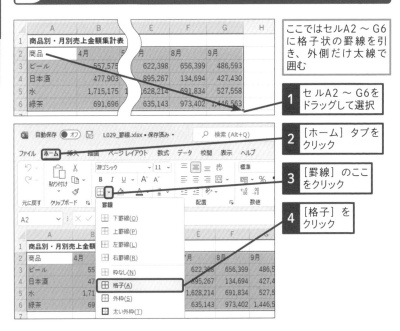

ここではセルA2 ～ G6に格子状の罫線を引き、外側だけ太線で囲む

1 セルA2 ～ G6をドラッグして選択

2 [ホーム] タブをクリック

3 [罫線] のここをクリック

4 [格子] をクリック

🔆 使いこなしのヒント

格子→太線の順で罫線を引こう

本文で紹介したように、表の内側の格子を細い線、表の外側を太い線で囲みたいときには格子→太い外枠の順番に罫線を引きましょう。この手順を逆にして、太い外枠→格子の順番に罫線を引くと、格子の罫線を引いたときに外側の太い線が細い線に置き換わってしまいます。

● 選択したセル範囲に外枠を引く

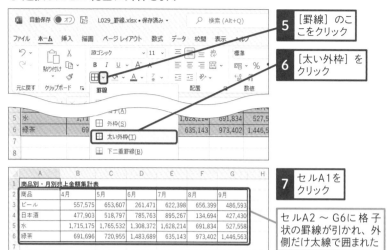

5 [罫線] のこ こをクリック

6 [太い外枠] を クリック

7 セルA1を クリック

セルA2 〜 G6に格子 状の罫線が引かれ、外 側だけ太線で囲まれた

	A	B	C	D	E	F	G	H
1	商品別・月別売上金額集計表							
2	商品	4月	5月	6月	7月	8月	9月	
3	ビール	557,521	653,607	261,471	622,398	656,399	486,593	
4	日本酒	477,903	518,797	785,763	895,267	134,694	427,430	
5	水	1,715,175	1,765,532	1,308,372	1,628,214	691,834	527,558	
6	緑茶	691,696	720,955	1,483,689	635,143	973,402	1,446,563	
7								

使いこなしのヒント

表の内側の罫線だけ消すには

選択したセルの一部の罫線だけを消した いときには「セルの書式設定」の「罫線」 タブを使いましょう。

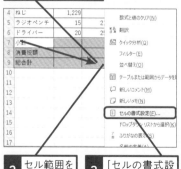

1 セルA7 〜 C9を ドラッグして選択

2 セル範囲を 右クリック

3 [セルの書式設 定] をクリック

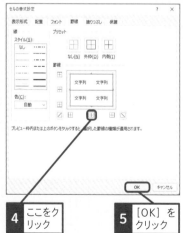

4 ここをク リック

5 [OK] を クリック

セルA7 〜 C9の内側の縦の 罫線だけ消すことができる

30 書式が設定されたセルを複製するには

動画で見る

数式と数値の書式　　　　　**練習用ファイル**　L030_数式と数値の書式.xlsx

書式を設定した表の内部でコピー・貼り付けをするときに、通常の貼り付けをすると設定済みの書式が壊れてしまいます。そういうときは、[数式]や[値]で貼り付けましょう。また、書式だけを別のセルに貼り付ける方法も紹介します。

1 セルをそのまま貼り付ける

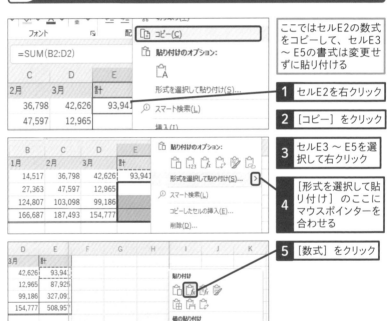

ここではセルE2の数式をコピーして、セルE3〜E5の書式は変更せずに貼り付ける

1 セルE2を右クリック

2 [コピー]をクリック

3 セルE3〜E5を選択して右クリック

4 [形式を選択して貼り付け]のここにマウスポインターを合わせる

5 [数式]をクリック

使いこなしのヒント

どうして[数式]で貼り付けるの?

コピー・貼り付け時に(通常の)貼り付けをすると、貼り付け先の書式が崩れてしまいます。すでに装飾済みの表の内部で貼り付けをするときには、[数式]で貼り付けをしましょう。計算結果を貼り付けたいときには[値]で貼り付けをしてください。

● 数式が貼り付けられた

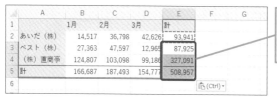

	A	B	C	D	E	F	G
1		1月	2月	3月	計		
2	あいだ（株）	14,517	36,798	42,626	93,941		
3	ベスト（株）	27,363	47,597	12,965	87,925		
4	（株）直商亭	124,807	103,098	99,186	327,091		
5	計	166,687	187,493	154,777	508,957		
6							

30
数式と数値の書式

セルE2の数式をコピーして、セルE3 〜 E5の書式は変更せずに貼り付けられた

2 セルの書式だけを貼り付ける

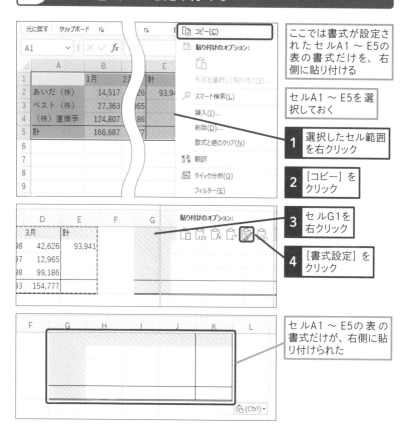

ここでは書式が設定されたセルA1 〜 E5の表の書式だけを、右側に貼り付ける

セルA1 〜 E5を選択しておく

1 選択したセル範囲を右クリック

2 ［コピー］をクリック

3 セルG1を右クリック

4 ［書式設定］をクリック

セルA1 〜 E5の表の書式だけが、右側に貼り付けられた

スキルアップ

セルにコメントを追加するには

セルに対する補足情報はExcel 2021から導入されたコメントを使って記入しましょう。古いバージョンのExcelとデータをやり取りする場合には、古いバージョンでも使えるメモを使いましょう。

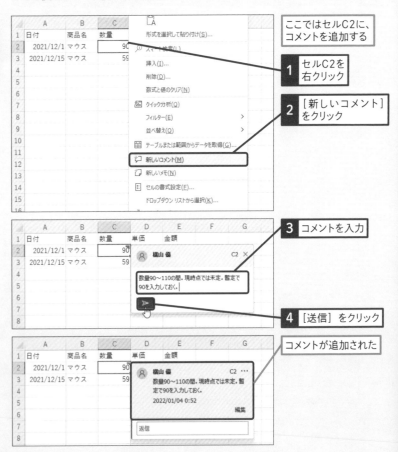

ここではセルC2に、コメントを追加する

1 セルC2を右クリック

2 [新しいコメント]をクリック

3 コメントを入力

4 [送信]をクリック

コメントが追加された

基本編　第5章　表の見栄えを整えよう

基本編

第 6 章

表を印刷しよう

この章では、Excelの印刷について基本から説明します。用紙設定その他の印刷準備をし、印刷イメージのチェック後、作成した表を印刷する方法を紹介します。合わせて、PDFファイルの作成方法も紹介します。

31 印刷の基本を覚えよう

印刷の基本　　　　　　　　　　　**練習用ファイル**　L031_印刷の基本.xlsx

作成した表を印刷する前に用紙の向き・サイズ・余白などを設定しましょう。また、印刷前には印刷プレビューでイメージを確認して、意図通りに印刷されるかどうかを確認しましょう。

1 ［印刷］画面を表示する

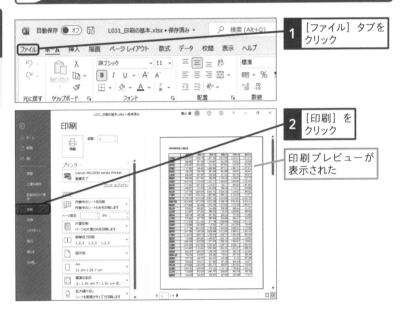

1 ［ファイル］タブをクリック

2 ［印刷］をクリック

印刷プレビューが表示された

使いこなしのヒント

図形がずれていないか確認しよう

印刷プレビューでは、図形などのオブジェクト（第7章参照）とセルに入力された文字の位置がずれていないかどうかも確認しましょう。ずれている場合には手作業で位置合わせをする必要があります。

2 プリンターを選択する

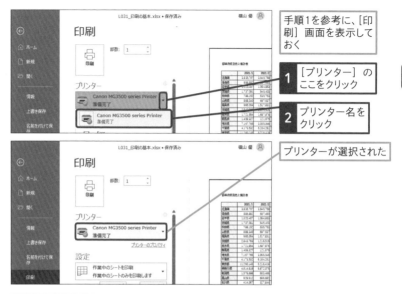

手順1を参考に、[印刷] 画面を表示しておく

1 [プリンター] のここをクリック

2 プリンター名をクリック

プリンターが選択された

使いこなしのヒント

印刷プレビューを拡大表示するには

印刷プレビューの見た目が小さいときには、プレビュー画面右下の [ページに合わせる] アイコンをクリックしましょう。通常のシートで拡大倍率100%の際と同じ大きさでプレビューを表示できます。もう一度、[ページに合わせる] アイコンをクリックすると、元の大きさに戻ります。

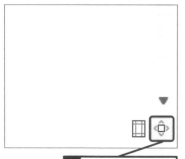

1 [ページに合わせる] をクリック

印刷プレビューが拡大表示された

ここを左右上下にドラッグすると見たい場所に移動できる

もう一度 [ページに合わせる] をクリックすると、元の表示に戻る

次のページに続く →

3 印刷の向きを設定する

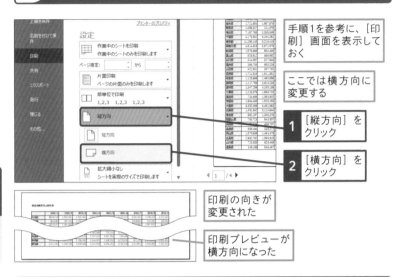

手順1を参考に、[印刷] 画面を表示しておく

ここでは横方向に変更する

1 [縦方向] をクリック

2 [横方向] をクリック

印刷の向きが変更された

印刷プレビューが横方向になった

4 用紙の種類を設定する

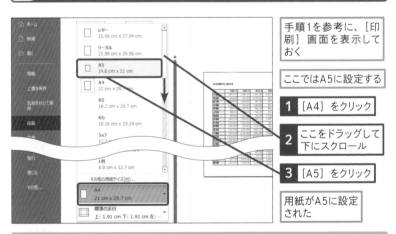

手順1を参考に、[印刷] 画面を表示しておく

ここではA5に設定する

1 [A4] をクリック

2 ここをドラッグして下にスクロール

3 [A5] をクリック

用紙がA5に設定された

5 余白を設定する

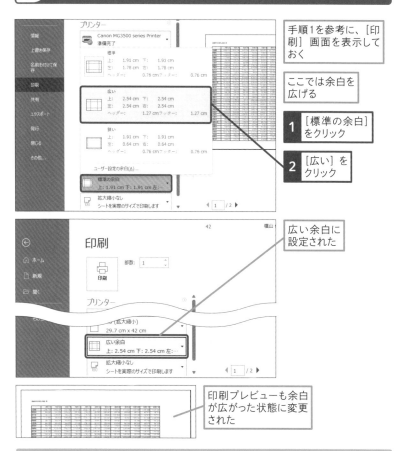

手順1を参考に、[印刷] 画面を表示しておく

ここでは余白を広げる

1 [標準の余白] をクリック

2 [広い] をクリック

広い余白に設定された

印刷プレビューも余白が広がった状態に変更された

※ 使いこなしのヒント

[ページレイアウト] タブから設定するには

印刷の向き、用紙の種類と余白は、以下のようにリボンの [ページレイアウト] タブからも設定できます。

[ページレイアウト] タブからでも、印刷設定ができる

32 表に合わせて印刷するには

印刷設定　　　　　　　　**練習用ファイル**　手順見出しを参照

大きい表を印刷するときに便利な、全体を1ページに収めるように縮小率を自動調整する機能を解説します。縦に長い表を印刷するときには、横方向だけ1ページに収めて縦方向は何枚かに分けて印刷する設定もできます。

1 1ページに収めて印刷する

L032_印刷設定_01.xlsx

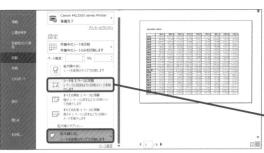

レッスン31を参考に、印刷の向きを[横方向]に設定しておく

1 [拡大縮小なし]をクリック

2 [シートを1ページに印刷]をクリック

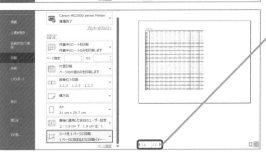

すべてのデータが1ページに収まるように設定された

使いこなしのヒント

用紙の向きとも組み合わせて調整しよう

横幅のある表を横1ページに収めたいときには、[シートを1ページに印刷]を指定するだけでなく、印刷の向きを横方向にして余白を小さくすると、より原寸に近い大きさで印刷できます。

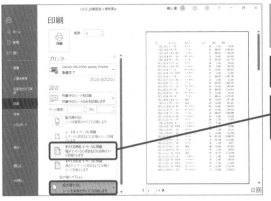

レッスン31を参考に、印刷の向きを［縦方向］に設定しておく

1 ［拡大縮小なし］をクリック

2 ［すべての列を1ページに印刷］をクリック

1ページにはおさまり切らないので、2ページでおさまるように設定されている

◆ 使いこなしのヒント

設定を戻すときは縮小倍率も手動で戻す

本文で紹介した［シートを1ページに印刷］、［すべての列を1ページに印刷］、［すべての行を1ページに印刷］の操作をすると、縮小倍率が自動で設定されます。

なお、設定を元に戻しても、自動では倍率が100%に戻りません。倍率を100%に戻したいときには、手動で倍率を設定しなおしてください。

◆ 使いこなしのヒント

すべての行を1ページに収めても同じ結果になる

本文で紹介した印刷方法のほか、［すべての行を1ページに印刷］という方法も選ぶことができます。この練習用ファイル

の場合は、［シートを1ページに印刷］と同じ結果になります。

動画で見る

改ページプレビュー

練習用ファイル　L033_改ページプレビュー.xlsx

キリのいい位置で改ページをするように手動で調整したいときには、改ページプレビューの画面を使いましょう。改ページプレビューを使うと、印刷時にレイアウトが崩れないかどうかの確認もできます。

基本編
第6章
表を印刷しよう

1　改ページプレビューを表示する

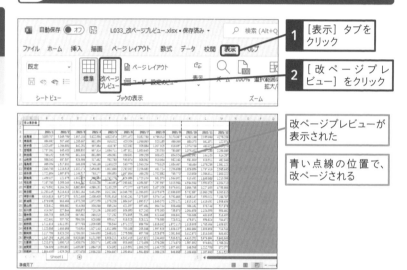

1 [表示] タブをクリック

2 [改ページプレビュー] をクリック

改ページプレビューが表示された

青い点線の位置で、改ページされる

💡 使いこなしのヒント

表示を元に戻すには

[改ページプレビュー] から、通常の表示に戻すには、[表示] タブをクリックして、[標準] をクリックしてください。

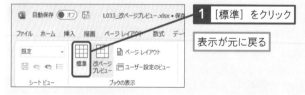

1 [標準] をクリック

表示が元に戻る

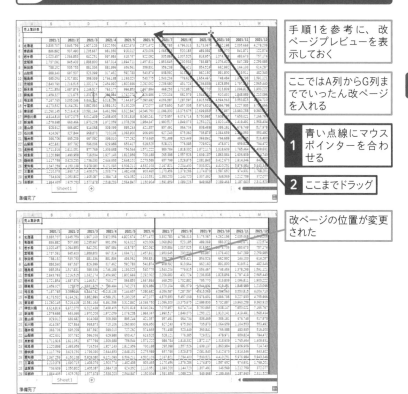

手順1を参考に、改ページプレビューを表示しておく

ここではA列からG列まででいったん改ページを入れる

1 青い点線にマウスポインターを合わせる

2 ここまでドラッグ

改ページの位置が変更された

使いこなしのヒント

ページレイアウトプレビューとは

[ページレイアウトプレビュー] を使うと、印刷時の出力イメージを見ることができます。改ページの位置がわかるだけでなく、レッスン34で紹介するヘッダー・フッターや余白も合わせて確認できます。

使いこなしのヒント

改ページや印刷範囲がおかしくないか確認しよう

改ページの位置（青の点線）や印刷範囲（青の実線）が意図しない場所に入っている場合には、文字がセルからはみでていないか確認しましょう。画面上では文字がセルに収まっているのに、印刷すると文字がセルからはみでてしまう場合があるためです。

34 ヘッダーやフッターを印刷するには

ヘッダー、フッター　　　　**練習用ファイル**　L034_ヘッダーとフッター.xlsx

印刷時に、用紙の上部や下部の余白にファイル名やページ番号、印刷日時など
を出力するには、ヘッダーやフッターを設定しましょう。詳細設定画面で設定を
すると、すべてのページに共通する図や文字を出力することもできます。

基本編 第6章 表を印刷しよう

1　ヘッダーとフッターの設定をする

1　[ページレイアウト]タブをクリック

2　[ページ設定]のここをクリック

2　ヘッダーの設定をする

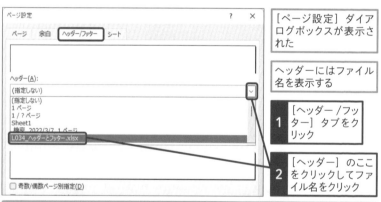

[ページ設定]ダイアログボックスが表示された

ヘッダーにはファイル名を表示する

1　[ヘッダー/フッター]タブをクリック

2　[ヘッダー]のここをクリックしてファイル名をクリック

💬 用語解説

ヘッダー

ヘッダーとは用紙の上部の余白に出力されるデータのことをいいます。ヘッダーは、セルに入力するデータとは別に設定します。同じファイル（ブック）内のすべてのシートに適用されます。

● フッターの設定をする

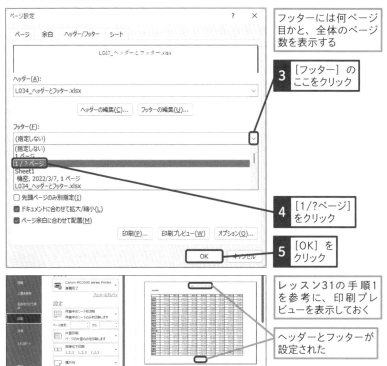

フッターには何ページ目かと、全体のページ数を表示する

3 [フッター] のここをクリック

4 [1/?ページ] をクリック

5 [OK] をクリック

レッスン31の手順1を参考に、印刷プレビューを表示しておく

ヘッダーとフッターが設定された

34

ヘッダー、フッター

使いこなしのヒント

余白を十分にとる

ヘッダーは上の余白、フッターは下の余白に出力されます。余白が十分にないとヘッダーやフッターが本体の表の上に出力されてしまうので、余白を十分取るよ うにしましょう。[ページ設定] の [余白] タブの「上」欄で上の余白、「下」欄で下の余白の大きさを設定できます。

用語解説

フッター

フッターとは用紙の下部の余白に出力されるデータのことをいいます。出力位置 が違う以外は、機能的にはヘッダーとまったく同じです。

35 見出しをつけて 印刷するには

印刷タイトル　　　　　　　　　**練習用ファイル**　L035_印刷タイトル.xlsx

大きい表を複数ページにまたがって印刷するときには、印刷タイトルの設定をして、それぞれのページに表の見出しやタイトルを印刷しましょう。ウィンドウ枠の固定をしているシートを印刷するときに、この機能を使うと、ディスプレイ上の表示と印刷結果が近くなって便利です。

1 タイトル行を設定する

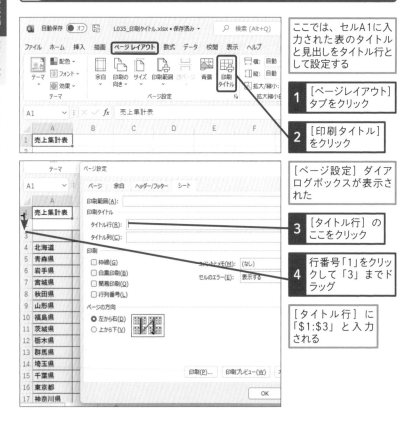

ここでは、セルA1に入力された表のタイトルと見出しをタイトル行として設定する

1 [ページレイアウト] タブをクリック

2 [印刷タイトル] をクリック

[ページ設定] ダイアログボックスが表示された

3 [タイトル行] のここをクリック

4 行番号「1」をクリックして「3」までドラッグ

[タイトル行] に「$1:$3」と入力される

基本編　第 **6** 章　表を印刷しよう

2 タイトル列を設定する

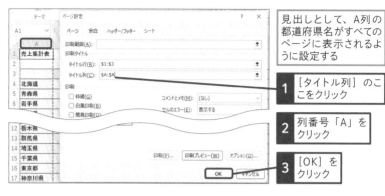

見出しとして、A列の都道府県名がすべてのページに表示されるように設定する

1 [タイトル列] のここをクリック

2 列番号「A」をクリック

3 [OK] をクリック

● 印刷プレビューを確認する

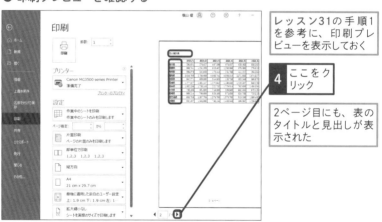

レッスン31の手順1を参考に、印刷プレビューを表示しておく

4 ここをクリック

2ページ目にも、表のタイトルと見出しが表示された

使いこなしのヒント

印刷タイトルは印刷画面から変更できない

印刷に関連する設定のほとんどは、[ファイル]タブをクリックして、[印刷]をクリックし、[ページ設定]の画面から変更できます。ところが、このレッスンで紹介する印刷タイトルの設定と、レッスン36で紹介する印刷範囲の設定は、読み込み専用の状態になってしまい、設定を修正することができません。この2つの設定を変更したいときには、[ページレイアウト]タブからの操作で修正をするようにしてください。

36 印刷範囲を指定するには

印刷範囲　　　　　　　　　　　　**練習用ファイル**　L036_印刷範囲.xlsx

シート全体ではなくシートの一部分だけを印刷したいときには、印刷範囲を設定しましょう。印刷範囲は、通常の画面や、[ページ設定] ウィンドウのほか、改ページプレビューの画面でも確認と変更ができます。

1 印刷範囲を選択する

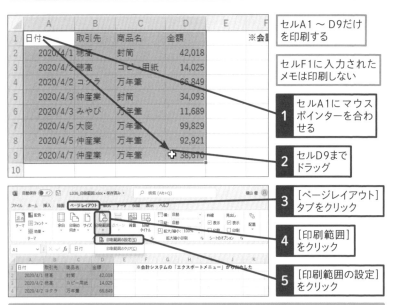

セルA1 〜 D9だけ
を印刷する

セルF1に入力された
メモは印刷しない

1 セルA1にマウス
ポインターを合わ
せる

2 セルD9まで
ドラッグ

3 [ページレイアウト]
タブをクリック

4 [印刷範囲]
をクリック

5 [印刷範囲の設定]
をクリック

使いこなしのヒント

改ページプレビューで印刷範囲を確認・変更するには

改ページプレビューでは印刷範囲は青の実線で表示されます。この青の実線をドラッグすると印刷範囲を変更できます。操作方法はレッスン33を参照してください。

青の実線の中が印刷される

● 印刷範囲が指定された

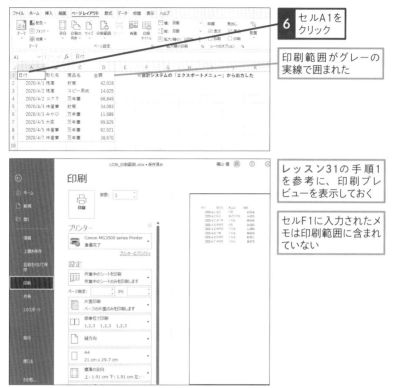

6 セルA1を
クリック

印刷範囲がグレーの
実線で囲まれた

レッスン31の手順1
を参考に、印刷プレ
ビューを表示しておく

セルF1に入力されたメ
モは印刷範囲に含まれ
ていない

使いこなしのヒント

印刷範囲の設定を解除するには

印刷範囲の設定を解除するには、[ペー
ジレイアウト] タブをクリックして、[印
刷範囲] をクリックしてから [印刷範囲
のクリア] をクリックしてください。

1 [ページレイアウト]
タブをクリック

2 [印刷範囲]
をクリック

3 [印刷範囲
のクリア] を
クリック

スキルアップ

PDFファイルに出力するには

PDFファイルを作成したいときは、[エクスポート]の機能を使ってPDFファイルを出力しましょう。印刷プレビューの代わりにPDFファイルを作成して、印刷前に印刷イメージを確認することもできます。

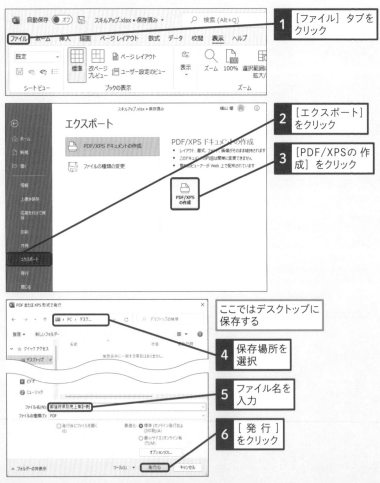

1 [ファイル] タブをクリック

2 [エクスポート] をクリック

3 [PDF/XPSの作成] をクリック

ここではデスクトップに保存する

4 保存場所を選択

5 ファイル名を入力

6 [発行] をクリック

基本編

第7章

グラフと図形の使い方を学ぼう

この章では、データを視覚的に強調する方法を2つ紹介します。まず、作成した表に対応するグラフを作る方法を説明します。また、表に、四角形・矢印などの図形や画像を挿入する方法も紹介します。

37 グラフを作るには

動画で見る

おすすめグラフ　　　　　**練習用ファイル**　手順見出しを参照

作成した表は、グラフを使って見やすく表示しましょう。表を選択して、[おすすめグラフ]の機能を使うと、グラフを簡単に挿入することができます。[おすすめグラフ]の機能を使うと棒グラフ、折れ線グラフ、円グラフなどが作れます。

1 グラフの要素を確認する

グラフは、下記のように様々な要素で構成されています。グラフの見た目を変更するときには、各要素ごとに変更していくことになるので、このような要素がある、ということを意識しておきましょう。

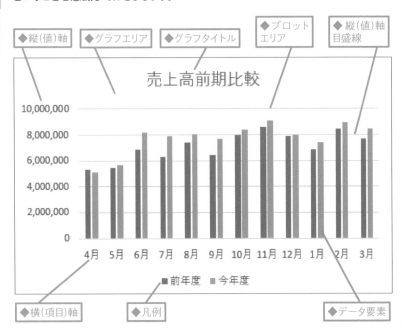

基本編 第**7**章 グラフと図形の使い方を学ぼう

2 棒グラフを作る

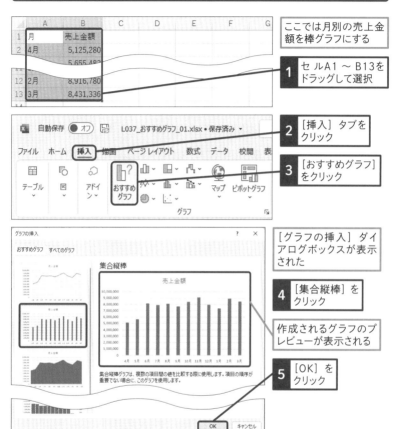

	A	B	C	D	E	F	G
1	月	売上金額					
2	4月	5,125,280					
		5,655,482					
12	2月	8,916,780					
13	3月	8,431,336					

ここでは月別の売上金
額を棒グラフにする

1 セルA1 〜 B13を
ドラッグして選択

2 [挿入] タブを
クリック

3 [おすすめグラフ]
をクリック

[グラフの挿入] ダイ
アログボックスが表示
された

4 [集合縦棒] を
クリック

作成されるグラフのプ
レビューが表示される

5 [OK] を
クリック

💡 使いこなしのヒント

グラフの種類を変えるには

本文の手順と同じようにグラフ化したい
範囲を選択して [挿入] - [おすすめグラ
フ] をクリックします。その後、[グラフ

の挿入] ダイアログボックスで [すべて
のグラフ] タブをクリックすると、グラ
フの種類を変えることができます。

1 [すべてのグラフ] タブをクリック

他のグラフを選択できる

次のページに続く →

● グラフを確認する

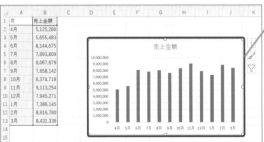

月別の売上金額が棒グラフになった

L037_おすすめグラフ_02.xlsx

3 データを比較するグラフを作る

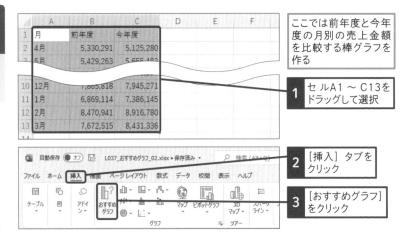

ここでは前年度と今年度の月別の売上金額を比較する棒グラフを作る

1 セルA1 ～ C13をドラッグして選択

2 [挿入] タブをクリック

3 [おすすめグラフ]をクリック

💡 使いこなしのヒント

折れ線グラフ・円グラフの使いどころ

棒グラフの他に折れ線グラフ、円グラフなどもよく使われます。時系列データなどの場合は折れ線グラフ、全体の内訳を表す場合には円グラフを使うと、見やすいグラフになる場合が多いです。もし、棒グラフでは、適切に表現できないと感じたときには、これらのグラフも使ってみてください。

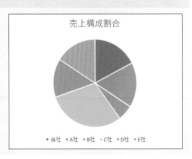

● グラフの種類を選択する

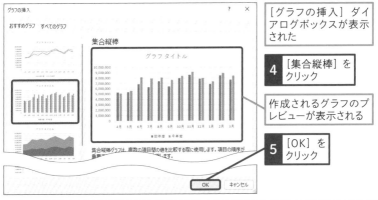

[グラフの挿入] ダイアログボックスが表示された

4 [集合縦棒] をクリック

作成されるグラフのプレビューが表示される

5 [OK] をクリック

前年度と今年度の月別の売上金額を比較する棒グラフが作成された

使いこなしのヒント

列を分けると別系列のデータとしてグラフ化される

グラフで2つ以上のデータを比較するときには、比較したいデータを横に並べた表を準備しましょう。今回は前年度・今年度の2つのデータを比較しましたが、前々年度、前年度、今年度など3つ以上のデータを比較したグラフを作成することもできます。

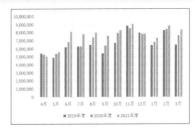

使いこなしのヒント

グラフ挿入後にグラフの種類を変えるには

いったんグラフを挿入した後に、グラフの種類を変えるには、グラフ上部の余白部分をクリックしてグラフ全体を選択した後に、リボンから [グラフのデザイン] タブをクリックし、[グラフの種類の変更] をクリックしてください。

38 グラフの位置や大きさを変えるには

グラフの移動、大きさの変更 　　　**練習用ファイル**　手順見出しを参照

シートに挿入したグラフはマウスで位置や大きさを変更することができます。グラフは、セルの中には入らず、自由に調整できます。また、グラフタイトルには、好きな文字を入力して大きさや色も変えることができます。

1 グラフを移動する

L038_グラフの調整_01.xlsx

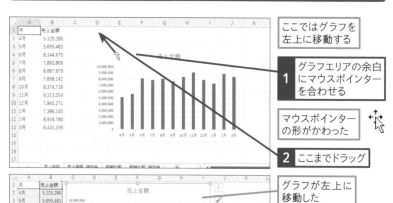

ここではグラフを左上に移動する

1 グラフエリアの余白にマウスポインターを合わせる

マウスポインターの形がかわった

2 ここまでドラッグ

グラフが左上に移動した

2 グラフの大きさを変更する

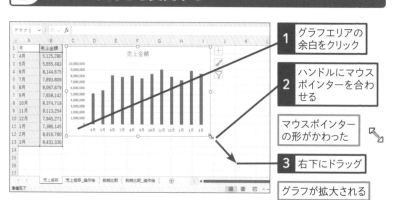

1 グラフエリアの余白をクリック

2 ハンドルにマウスポインターを合わせる

マウスポインターの形がかわった

3 右下にドラッグ

グラフが拡大される

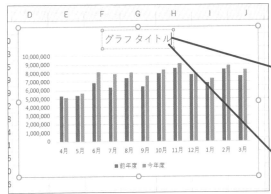

ここではグラフタイトル
を「売上高前期比較」
に変更する

1 グラフタイトルを
ゆっくり2回クリック

グラフタイトルが編集
可能な状態になった

2 元のグラフタイトル
を消去して、「売
上高前期比較」と
入力

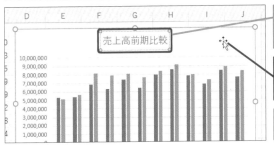

グラフタイトルが「売
上高前期比較」に変
更された

3 グラフエリアのグラ
フタイトル以外の
場所をクリック

グラフタイトルの選択
が解除される

☀ 使いこなしのヒント

縦軸、横軸も自動で調整される

グラフを挿入すると、縦軸・横軸の目盛　リが自動的に調整されます。

☀ 使いこなしのヒント

グラフ全体を選択するには?

グラフの移動・大きさの変更など、グラ
フ全体に関わる操作をするときには、グ
ラフエリア上部の余白部分をクリックし
て、グラフ全体を選択しましょう。グラ
フの各要素の上でクリックをすると、そ
の要素だけが選択された状態になり、後
の操作がうまくいかない場合があるので、
注意してください。

1 [グラフエリア] と表示
されるところをクリック

グラフ全体が選択される

39 グラフの色を変更するには

動画で見る

グラフの色の変更 | **練習用ファイル** L039_グラフの色の変更.xlsx

Excelでグラフを作成すると、自動的に色の組み合わせが決められます。このグラフの色は全体、系列、個別のそれぞれをマウスで変更できます。強調したい項目の色を変更することで、効果的なグラフが作れます。

1 グラフ全体の色を変更する

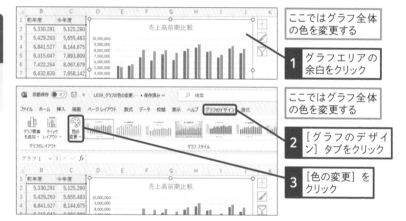

ここではグラフ全体の色を変更する

1 グラフエリアの余白をクリック

ここではグラフ全体の色を変更する

2 [グラフのデザイン] タブをクリック

3 [色の変更] をクリック

💡 使いこなしのヒント

グラフエリアの余白をクリックしてグラフ全体を選択する

グラフとして着色されている部分や、縦軸、横軸の数値など、何か要素が配置されている箇所をクリックすると、その要素だけが選択されます。今回のように、グラフ全体に関わる操作をするときには、グラフエリアの余白をクリックして、グラフ全体を選択するようにしましょう。

💡 使いこなしのヒント

グラフを選択すると [グラフのデザイン] タブが表示される

リボンの [グラフのデザイン] と [書式] タブは、グラフを選択したときにだけ表示されます。このように、Excelでは、選択している場所に応じて、リボンに表示されるタブが変わる場合があるので注意しましょう。

基本編 第7章 グラフと図形の使い方を学ぼう

● グラフの色を選択する

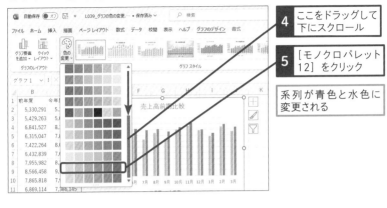

4 ここをドラッグして下にスクロール

5 [モノクロパレット12] をクリック

系列が青色と水色に変更される

使いこなしのヒント

色味を統一しよう

グラフを作成するときには、できるだけ色味を統一しておくと、見やすいグラフができあがります。[色の変更] の機能を使うときは [モノクロ] の中からパターンを選択すると、色味を簡単に統一できます。

用語解説

系列

系列とは、グラフに表示されるデータで、1つのグループとしてまとめて扱われる単位のことをいいます。通常、グラフの元になる表の1つの列が、1つの系列になります。

使いこなしのヒント

モノクロ印刷をするときにはグレースケールを選択しよう

カラーで表現されたグラフは、モノクロのプリンターなどで印刷をすると、見た目の印象が変わる場合があります。モノクロで印刷をするときには、印刷したときのイメージがわかりやすいように [色の変更] で、グレースケールのパターンを選択しておきましょう。

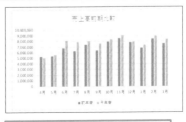

モノクロのプリンターで出力する場合はグレースケールのパターンを選ぶ

次のページに続く →

2 系列ごとにグラフの色を変更する

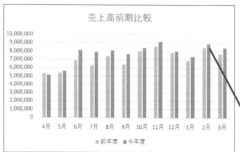

手順1を参考に、グラフ全体の色を［モノクロパレット10］に変更しておく

ここでは今年度の系列が目立つように色を変更する

1 今年度の系列をクリック

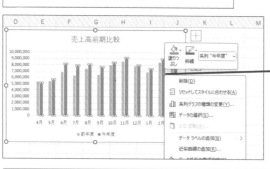

今年度の系列が選択された

2 系列を右クリック

☀ 使いこなしのヒント

系列ごとに色を変更できる

グラフの色は系列ごとに指定できます。たとえば全体を［色の変更］でグレースケールにして、強調したい系列だけ他の色にして強調することができます。複数の年度のデータを表示するときに、過年度はグレー、今年度は青に設定すると、今年度のデータを強調できます。

☀ 使いこなしのヒント

円グラフや折れ線グラフでも同じように変更できる

円グラフや折れ線グラフも、系列や個別のデータ要素をクリックして選択し、色を変更できます。［色の変更］で全体的な色味を設定した後、必要に応じて系列ごと、あるいは個別に色を設定しましょう。

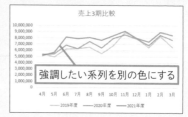

強調したい系列を別の色にする

● 変更する色を選択する

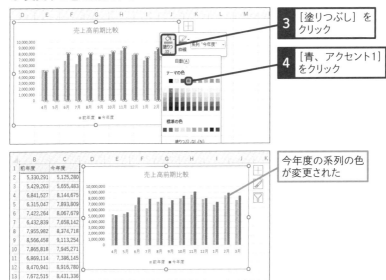

3 [塗りつぶし] を
クリック

4 [青、アクセント1]
をクリック

今年度の系列の色
が変更された

使いこなしのヒント

どの要素を選択しているかを意識しよう

グラフの操作をするときには、どの要素を選択しているかがとても重要です。今回の例では、1回クリックしてデータ系列全体を選択して色を変える操作をしたので、系列全体の色が変わりました。一方で、その月のデータを2回ゆっくりクリックして、1つの要素だけを選択することもできます。この状態で色を変える操作をすると、特定の月だけ色を変えることができます。

1回クリックするとデータ
系列全体が選択される

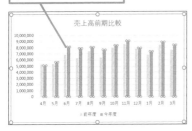

ゆっくり2回クリックするとデータ
系列の1つが選択される

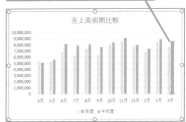

40 縦軸と横軸の表示を整えるには

動画で見る

グラフ要素　　　　　　　　　　　**練習用ファイル**　手順見出しを参照

グラフは初期の状態だと、データの内容によっては見づらい場合があります。目盛りや目盛り線などのグラフの各要素の表示・非表示を切り替えたり、軸の刻み幅を変えたりしてグラフの見た目を整えましょう。

1 グラフ要素の表示と非表示を切り替える　L040_グラフ要素_01.xlsx

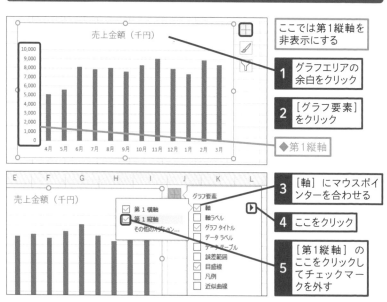

ここでは第1縦軸を非表示にする

1 グラフエリアの余白をクリック

2 ［グラフ要素］をクリック

◆第1縦軸

3 ［軸］にマウスポインターを合わせる

4 ここをクリック

5 ［第1縦軸］のここをクリックしてチェックマークを外す

使いこなしのヒント

軸を複数表示するには

［第2軸］の機能を使うと、1つのグラフには、縦軸の目盛りを2つ設定することができます。詳細は、レッスン41の「手順2　グラフを手動で変更する」を参照してください。

基本編　第**7**章　グラフと図形の使い方を学ぼう

● 目盛り線を非表示にする

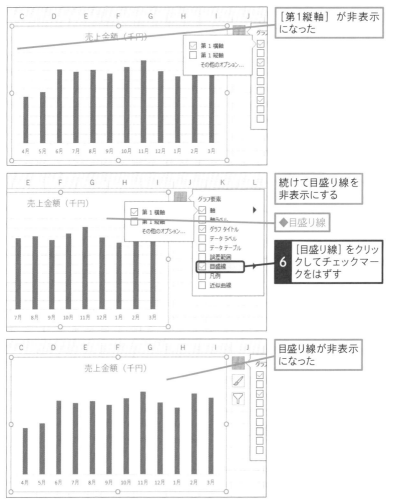

[第1縦軸] が非表示
になった

続けて目盛り線を
非表示にする

◆目盛り線

6 [目盛り線] をクリッ
クしてチェックマー
クをはずす

目盛り線が非表示
になった

次のページに続く ➡

🔆 使いこなしのヒント

目盛りではなく数値で値を表示する

グラフをスッキリ見せたいときには縦
軸の表示と目盛り線を削除しましょう。
値を読み取れるようにしたいときには、

データラベルを使って各項目ごとの値を
表示しましょう。詳しい手順は次ページ
で紹介します。

● データラベルを表示する

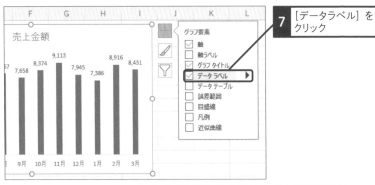

7 [データラベル] を
クリック

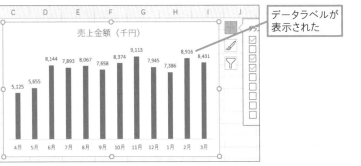

データラベルが
表示された

💬 用語解説

データラベル

データラベルとは、グラフの項目ごとに
表示する値のことをいいます。初期状態
では、個々のグラフの値が表示されます。

設定により、系列名などを表示すること
もできます。

🔆 使いこなしのヒント

データラベルの書式を変えるには

データラベルをクリックした後、リボン
の [ホーム] タブから文字の色、大きさ、
フォントの種類などを変更できます。ま
た、データラベルで右クリックをして、
右クリックのメニューから [データラベ

ル図形の変更] や [データラベルの書式
設定] をクリックすると、データラベル
の周りに図形を表示させるなど、さらに
詳細な設定をすることもできます。

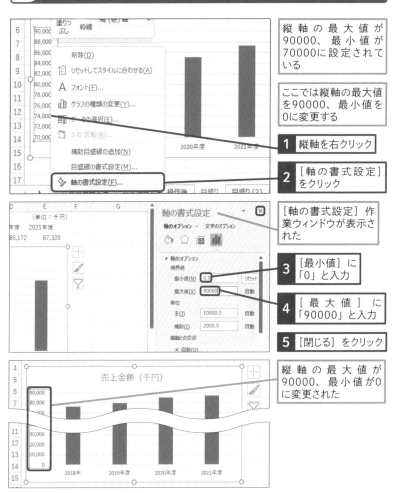

縦軸の最大値が90000、最小値が70000に設定されている

ここでは縦軸の最大値を90000、最小値を0に変更する

1 縦軸を右クリック

2 [軸の書式設定]をクリック

[軸の書式設定]作業ウィンドウが表示された

3 [最小値]に「0」と入力

4 [最大値]に「90000」と入力

5 [閉じる]をクリック

縦軸の最大値が90000、最小値が0に変更された

使いこなしのヒント

書式設定ウィンドウのタブを切り替える

軸の書式設定など、書式設定作業ウィンドウでは上の項目やアイコンで、設定項目を切り替えることができます。また、各設定項目の左の三角をクリックすると、項目の表示、非表示を切り替えることができます。

41 複合グラフを作るには

複合グラフ　　　　　　　　　**練習用ファイル**　手順見出しを参照

金額と比率など、異なる種類のデータを1つのグラフに表示したいときには、複数の種類のグラフを組み合わせて、複合グラフを作りましょう。グラフごとに、軸に表示する数値の範囲を設定して見やすく調整できます。

1 2種類のグラフを挿入する

L041_複合グラフ_01.xlsx

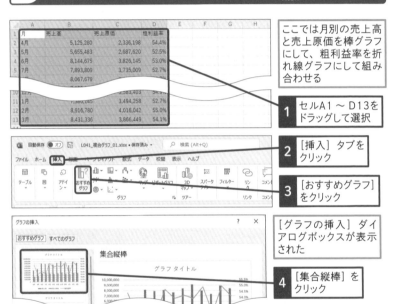

ここでは月別の売上高と売上原価を棒グラフにして、粗利益率を折れ線グラフにして組み合わせる

1 セルA1 〜 D13をドラッグして選択

2 [挿入] タブをクリック

3 [おすすめグラフ]をクリック

[グラフの挿入] ダイアログボックスが表示された

4 [集合縦棒] をクリック

5 [OK] をクリック

☀ 使いこなしのヒント

複合グラフに向いているデータとは

関連性があるが、質的に差異がある複数のデータを1つのグラフで表示したいときには複合グラフを使いましょう。例えば、金額と比率を同時に表示したい場合や、縦軸の目盛りを変えた複数の金額を表示したい場合などに適しています。

● [おすすめグラフ] でグラフが作成された

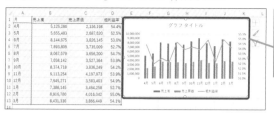

月別の売上高と売上原価を棒グラフにして、粗利益率を折れ線グラフにして組み合わせることができた

2 グラフを手動で変更する

L041_複合グラフ_02.xlsx

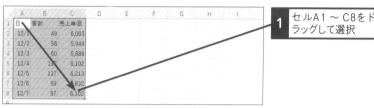

1 セルA1〜C8をドラッグして選択

2 [挿入] タブをクリック

3 [おすすめグラフ] をクリック

客数と売上単価を共通の目盛りで表示すると、それぞれの推移がわかりづらいので、表示を変更したい

4 [すべてのグラフ] をクリック

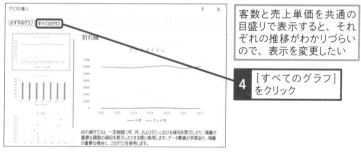

使いこなしのヒント

挿入済みのグラフの種類を変える

挿入した後のグラフの種類を変更する場合は、グラフを選択後、リボンから [グラフのデザイン] タブをクリックして [グラフの種類の変更] をクリックします。すると [グラフの種類の変更] 画面が表示されるので、次ページの操作5以降と同じ手順で操作できます。

次のページに続く➡

● グラフの種類を選択する

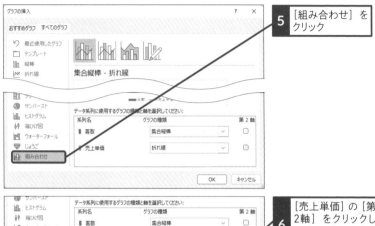

5 [組み合わせ] を
クリック

6 [売上単価] の [第
2軸] をクリックし
てチェックマークを
付ける

7 [OK] をクリック

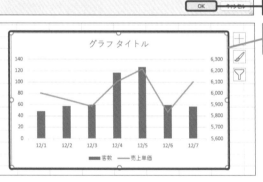

第2軸を設定した複合
グラフに変更された

用語解説

第2軸

1つのグラフには、縦軸の目盛りを2つ設
定することができます。この縦軸に設定
する2つ目の目盛りのことを [第2軸] と
呼びます。[第2軸] の目盛りは右側に表
示されます。

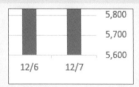

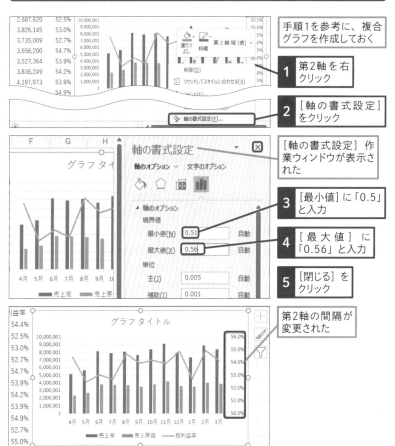

手順1を参考に、複合グラフを作成しておく

1 第2軸を右クリック

2 [軸の書式設定]をクリック

[軸の書式設定] 作業ウィンドウが表示された

3 [最小値]に「0.5」と入力

4 [最大値]に「0.56」と入力

5 [閉じる]をクリック

第2軸の間隔が変更された

使いこなしのヒント

グラフの種類を個別に設定できる

[おすすめグラフ] の機能を使うと、客数と売上単価など本来は別のグラフで表示したいものが、同じグラフで表示するように提案されてしまう場合があります。

そのときには、本文で紹介する手順で、それぞれの系列ごとにグラフの種類と第2軸に表示するかどうかを手動で設定しましょう。

42 図形を挿入するには

図形の挿入　　　　　　　　　　　**練習用ファイル**　L042_図形の挿入.xlsx

Excelでは、セルに値や数式を入力するだけでなく、四角形などの図形やアイコンなども挿入できます。作成する資料に、図解やイメージ図を入れたいときに使いましょう。挿入した図形やアイコンは、セルに重なるようにして配置されます。

1 長方形を挿入する

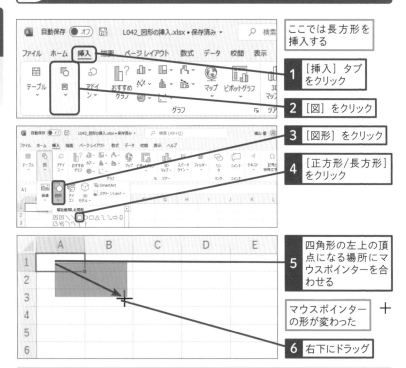

ここでは長方形を挿入する

1 [挿入] タブをクリック

2 [図] をクリック

3 [図形] をクリック

4 [正方形/長方形] をクリック

5 四角形の左上の頂点になる場所にマウスポインターを合わせる

マウスポインターの形が変わった　＋

6 右下にドラッグ

🔅 使いこなしのヒント

正方形、正円など整った形の図形を挿入する

[Shift]キーを押しながらドラッグすると、正方形・正円などが挿入できます。

● ドラッグで四角形を描く

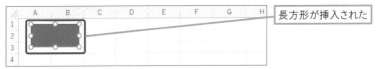

長方形が挿入された

2 図形を移動する

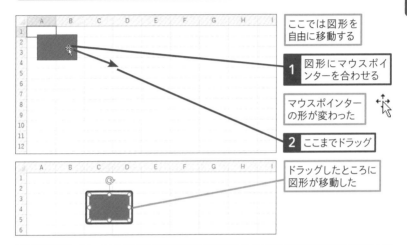

ここでは図形を
自由に移動する

1 図形にマウスポインターを合わせる

マウスポインターの形が変わった

2 ここまでドラッグ

ドラッグしたところに
図形が移動した

🔆 使いこなしのヒント

ライセンスによってアイコンの種類が異なる

Excel 2021とMicrosoft 365では使用できるアイコンの種類が異なります。Microsoft 365のみで使用できるアイコンは、Excel 2021でも問題なく表示できます。ただ、Excel2021で[アイコン]を挿入するとき一覧には表示されないので注意しましょう。

🔆 使いこなしのヒント

Excelで挿入できる主な図形

Excelでは長方形、円などの幾何学的な図形のほか、線、ブロック矢印、フローチャート用の図形などを挿入できます。

さまざまな
図形を選択
できる

43 図形の色を変更するには

図形のスタイル | **練習用ファイル** L043_図形のスタイル.xlsx

図形の色を変更するときは［図形の書式］タブにある［図形のスタイル］を使うと文字色、背景色などを一度に設定できるので便利です。テーマスタイルの中に自分の設定したい色がない場合は、個別に変更することもできます。

1 図形の色をまとめて変更する

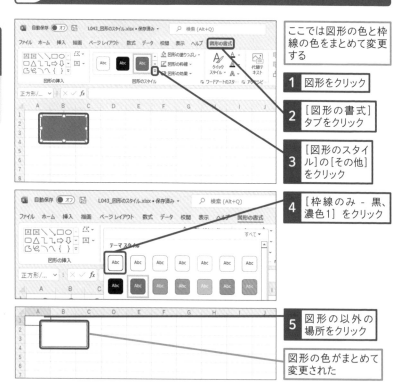

ここでは図形の色と枠線の色をまとめて変更する

1 図形をクリック

2 ［図形の書式］タブをクリック

3 ［図形のスタイル］の［その他］をクリック

4 ［枠線のみ - 黒、濃色1］をクリック

5 図形の以外の場所をクリック

図形の色がまとめて変更された

2 図形の色や枠の色を個別に変更する

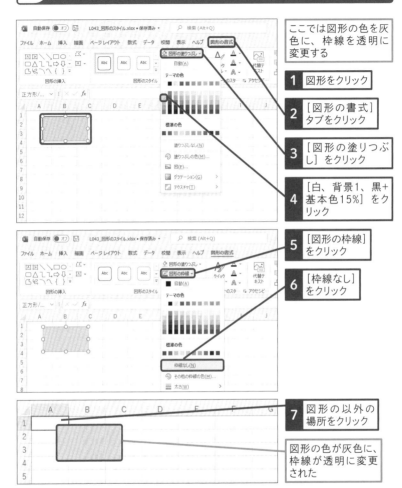

ここでは図形の色を灰色に、枠線を透明に変更する

1 図形をクリック

2 [図形の書式]タブをクリック

3 [図形の塗りつぶし]をクリック

4 [白、背景1、黒+基本色15%]をクリック

5 [図形の枠線]をクリック

6 [枠線なし]をクリック

7 図形の以外の場所をクリック

図形の色が灰色に、枠線が透明に変更された

使いこなしのヒント

図形の書式タブは図形を選択したときだけ表示される

リボンの[図形の書式]タブは、図形を　選択したときだけ表示されます。

校閲　表示　ヘルプ　**図形の書式**

図形の書式全般を調整できる

44 図形の大きさや形を変えるには

図形の拡大、縮小　　　　　　　**練習用ファイル**　手順見出しを参照

図形の大きさを変えるには、図形をクリックして選択した後に図形の隅に表示されるハンドルをドラッグしましょう。吹き出しなどの複雑な図形については、黄色いハンドルをドラッグして細かい形状も調整できます。

1 図形を拡大する

L044_図形の拡大縮小_01.xlsx

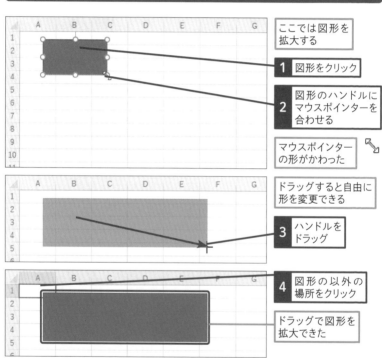

ここでは図形を拡大する

1 図形をクリック

2 図形のハンドルにマウスポインターを合わせる

マウスポインターの形がかわった

ドラッグすると自由に形を変更できる

3 ハンドルをドラッグ

4 図形の以外の場所をクリック

ドラッグで図形を拡大できた

基本編　第7章　グラフと図形の使い方を学ぼう

用語解説

ハンドル

オブジェクトの隅と辺8か所などに表示される四角のことをハンドルと呼びます。　マウスでドラッグすると拡大縮小などの操作ができます。

2 吹き出しの先の形を変更する

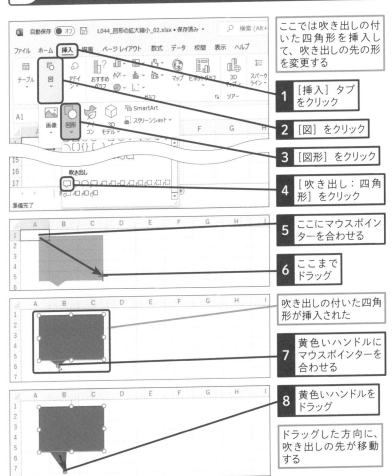

ここでは吹き出しの付いた四角形を挿入して、吹き出しの先の形を変更する

1 [挿入] タブをクリック

2 [図] をクリック

3 [図形] をクリック

4 [吹き出し：四角形] をクリック

5 ここにマウスポインターを合わせる

6 ここまでドラッグ

吹き出しの付いた四角形が挿入された

7 黄色いハンドルにマウスポインターを合わせる

8 黄色いハンドルをドラッグ

ドラッグした方向に、吹き出しの先が移動する

使いこなしのヒント

黄色のハンドルが表示されない場合

吹き出しの他、ブロック矢印、中括弧など複雑な形をした図形を挿入すると黄色いハンドルが表示されます。なお、図形を縮小しすぎると、黄色いハンドルが表示されない場合があります。その場合に は、いったん図形を拡大するか、シートの拡大率を大きくして、図形が画面上で大きく表示されるように調整してください。そうすると、再度、黄色いハンドルが表示されます。

45 画像を挿入するには

画像の挿入 　　　　　　　　　**練習用ファイル**　なし

Excelで作成した表に、絵やイラストをシートに挿入することもできます。パソコンに保存されている画像ファイルや、あらかじめマイクロソフトが準備している画像などを使って、表を見やすく整えましょう。

1 パソコンに保存された画像を挿入する

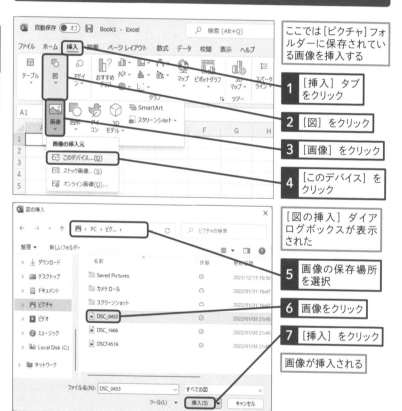

ここでは [ピクチャ] フォルダーに保存されている画像を挿入する

1 [挿入] タブをクリック

2 [図] をクリック

3 [画像] をクリック

4 [このデバイス] をクリック

[図の挿入] ダイアログボックスが表示された

5 画像の保存場所を選択

6 画像をクリック

7 [挿入] をクリック

画像が挿入される

基本編 第7章 グラフと図形の使い方を学ぼう

2 ストック画像を挿入する

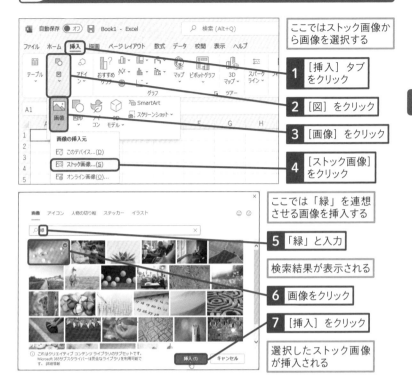

ここではストック画像から画像を選択する

1 [挿入] タブをクリック

2 [図] をクリック

3 [画像] をクリック

4 [ストック画像] をクリック

ここでは「緑」を連想させる画像を挿入する

5 「緑」と入力

検索結果が表示される

6 画像をクリック

7 [挿入] をクリック

選択したストック画像が挿入される

🔅 使いこなしのヒント

著作権に注意しよう

インターネットに公開されている画像を使用する場合には、著作権に注意しましょう。無料公開されているように見えても、実際には、商用利用の場合には有償であったり使用する画像の数に上限が設定されていたりするケースもあります。

🔅 使いこなしのヒント

オンライン画像も選択できる

操作4で [オンライン画像] をクリックすると、インターネット上に公開されている画像を検索して、シートに貼り付けることができます。ただしこの場合は、著作権的に問題ないかを確認する必要があります。法的なリスクが気になる場合は、[オンライン画像] は使わないでおきましょう。

スキルアップ

よく使う機能をすぐに使えるようにするには

よく使う機能は、クイックアクセスツールバーに登録しておきましょう。クイックアクセスツールバーに登録した機能は、画面上に常時表示されるので、すぐにクリックして起動できます。また、[Alt]キーに続けて数字を入力すると簡単に呼び出すこともできます。

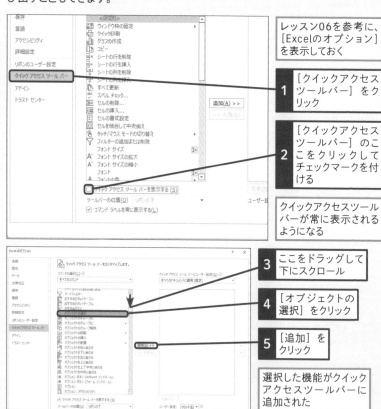

レッスン06を参考に、[Excelのオプション]を表示しておく

1 [クイックアクセスツールバー] をクリック

2 [クイックアクセスツールバー] のここをクリックしてチェックマークを付ける

クイックアクセスツールバーが常に表示されるようになる

3 ここをドラッグして下にスクロール

4 [オブジェクトの選択] をクリック

5 [追加] をクリック

選択した機能がクイックアクセスツールバーに追加された

活用編

第8章

ブックとシートの使い方を学ぼう

この章から活用編をスタートします。複数のブックを同時に開く方法と、シートの挿入・削除などシートの操作をする方法を紹介します。Excelを操作する上では比較的初歩的な内容なので、しっかりリマスターしましょう。

46 複数のブックを比較するには

複数のブック 　練習用ファイル　L046_複数のブック_01〜02.xlsx

Excelでは、複数のブックを同時に開いて編集できます。⊞+←→キーで複数のブックを並べて表示するか、Ctrlキーを押しながらTabキーを何回か押して表示するブックを切り替えましょう。

複数のブックを開く

Before

ブックが1つだけ開いているが、複数のブックを開いて比較したい

After

複数のブックを開いて、比較できるようになった

1 2つ目のブックを開く

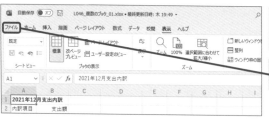

「L046_複数のブック_01.xlsx」を開いておく

1 [ファイル] タブをクリック

使いこなしのヒント

エクスプローラーからダブルクリックでも開ける

2つ目のブックは、1つ目のブックとまったく同じ方法で開くことができます。本文で紹介した方法の他、エクスプローラーで開きたいファイルをダブルクリックして開くこともできます。エクスプローラーから開く方法は、レッスン04を参照してください。

● 開くファイルを選択する

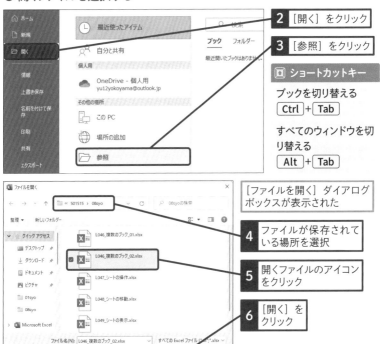

2 [開く] をクリック

3 [参照] をクリック

☑ ショートカットキー

ブックを切り替える
`Ctrl` + `Tab`

すべてのウィンドウを切
り替える
`Alt` + `Tab`

[ファイルを開く] ダイアログ
ボックスが表示された

4 ファイルが保存されて
いる場所を選択

5 開くファイルのアイコン
をクリック

6 [開く] を
クリック

2 ブックの表示を切り替える

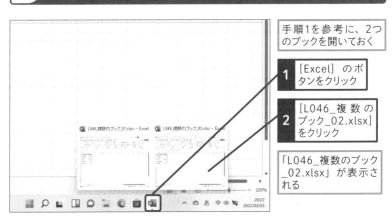

手順1を参考に、2つ
のブックを開いておく

1 [Excel] のボ
タンをクリック

2 [L046_複数の
ブック_02.xlsx]
をクリック

「L046_複数のブック
_02.xlsx」が表示さ
れる

47 シートの挿入・削除・名前を変更するには

シートの操作 **練習用ファイル** L047_シートの操作.xlsx

エクセルでは、1つのブック内で複数のシートを作成することができます。複数の表を作成したい場合には、原則として、1つの表ごとに1つのシートを使って入力すると、わかりやすく整理ができます。

シートの操作をする

Before

| 10 | 2022/1/31 (株) 直関寺 HDD | 2,045,069 |

新しくシートを挿入し、名前を付けたい

After

新しいシートを挿入して、名前を付けられた

1 新しいシートを作成する

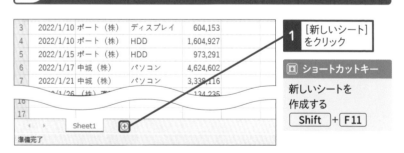

3	2022/1/10	ポート (株)	ディスプレイ	604,153
4	2022/1/10	ポート (株)	HDD	1,604,927
5	2022/1/15	ポート (株)	HDD	973,291
6	2022/1/17	中城 (株)	パソコン	4,624,602
7	2022/1/21	中城 (株)	パソコン	3,339,116

1 [新しいシート]をクリック

🔲 ショートカットキー

新しいシートを
作成する
[Shift] + [F11]

🔎 用語解説

アクティブシート

操作対象として選択されているシートを「アクティブシート」といいます。アクティブシートは、シート一覧で背景色が白色で表示されます。

● 新しいシートが作成された

[Sheet2] という名前の新しいシートが作成された

2 シートの名前を変更する

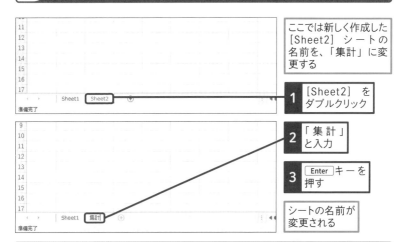

ここでは新しく作成した [Sheet2] シートの名前を、「集計」に変更する

1 [Sheet2] をダブルクリック

2 「集計」と入力

3 Enter キーを押す

シートの名前が変更される

使いこなしのヒント

1つのシートには1つの表だけを入れよう

1つのブック（＝ファイル）の中に複数の表を作りたくなったときには、原則として新しくシートを挿入して表を作成するようにしましょう。例えば、1つ目のシートの明細データから集計資料を作るときには、2つ目のシートを追加して集計資料を作成しましょう。もし、経営者報告用資料などで、1つのシートに、レイアウトの異なる複数の表を入れざるを得ないときには章末の「スキルアップ」で紹介する [リンクされた図] として貼り付けるのがおすすめです。

使いこなしのヒント

1つのシートにデータをまとめたほうがよい場合

原則として、同じ形の表は複数のシートに分けずに1枚のシートにまとめて作ることをおすすめします。たとえば、売上明細を作成するときに、1つ目のシートに1月分、2つ目のシートに2月分、というようにシートを分けて作成すると、作業効率を大きく下げる原因となります。まずは、1つのシートに、すべての月の売上明細をまとめた表を作成しましょう。ある月の売上明細だけを見たいときには、フィルターを使うと簡単に抽出できます。

48 シートを移動・コピー するには

シートの移動・コピー　　　　　　　　　**練習用ファイル**　L048_シートの移動.xlsx

シートの並び順は、マウス操作で簡単に変更できます。概要から詳細、新しいデータから古いデータなど、一定のルールに従ってシートを並べましょう。既存のシートに似たデータを作りたいときにはシートのコピーもできます。

シートの移動とコピー

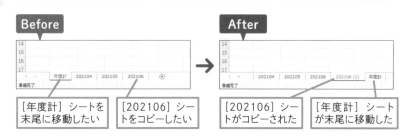

Before

[年度計] シートを末尾に移動したい

[202106] シートをコピーしたい

After

[202106] シートがコピーされた

[年度計] シートが末尾に移動した

1 シートを移動する

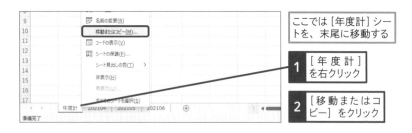

ここでは [年度計] シートを、末尾に移動する

1 [年度計] を右クリック

2 [移動またはコピー] をクリック

💡 使いこなしのヒント

ドラッグ操作でシートを移動・コピーする

シート名をドラッグして、シートの並び順を入れ替えることができます。また、Ctrl キーを押しながら、シート名をドラッグすると、シートをコピーできます。

● シートの移動先を指定する

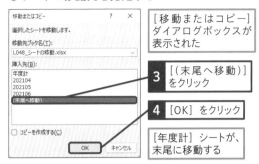

[移動またはコピー]ダイアログボックスが表示された

3 [(末尾へ移動)]をクリック

4 [OK]をクリック

[年度計]シートが、末尾に移動する

2 シートをコピーする

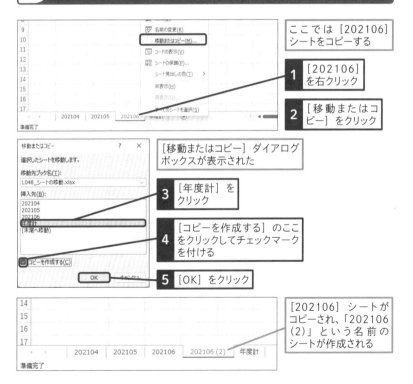

ここでは[202106]シートをコピーする

1 [202106]を右クリック

2 [移動またはコピー]をクリック

[移動またはコピー]ダイアログボックスが表示された

3 [年度計]をクリック

4 [コピーを作成する]のここをクリックしてチェックマークを付ける

5 [OK]をクリック

[202106]シートがコピーされ、「202106 (2)」という名前のシートが作成される

動画で見る

シートの非表示・再表示　　　　　　　　　練習用ファイル　L049_シートの表示.xlsx

見る必要がないシート・他の人に見せたくないシートは表示しないようにすることができます。簡単に再表示できるので、情報を秘匿する用途ではなく、誤操作を防いだり操作感を良くする目的で使いましょう。

活用編　第8章　ブックとシートの使い方を学ぼう

シートの非表示と再表示

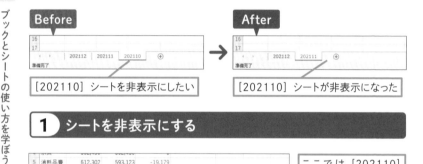

Before

[202110] シートを非表示にしたい

After

[202110] シートが非表示になった

1 シートを非表示にする

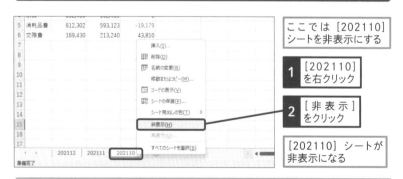

ここでは [202110] シートを非表示にする

1 [202110] を右クリック

2 [非表示] をクリック

[202110] シートが非表示になる

使いこなしのヒント

非表示シートであっても秘密の情報は入れない

Excelに慣れている人なら、非表示シートの内容を簡単に見ることができます。ですから、社内・社外を問わず入力した内容を秘密にする目的でシート保護を使うのはやめましょう。書き換える必要のないシートを非表示にして誤操作を防いだり、普段見る必要がないシートを非表示にしてシート一覧を見やすくする、などの目的で使いましょう。

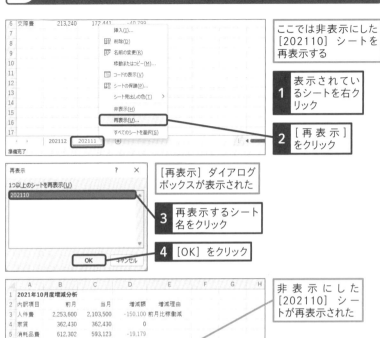

ここでは非表示にした
[202110] シートを
再表示する

1 表示されているシートを右クリック

2 [再表示] をクリック

[再表示] ダイアログボックスが表示された

3 再表示するシート名をクリック

4 [OK] をクリック

非表示にした
[202110] シートが再表示された

	A	B	C	D	E	F	G	H
1	2021年10月度増減分析							
2	内訳項目	前月	当月	増減額	増減理由			
3	人件費	2,253,600	2,103,500	-150,100	前月比稼働減			
4	家賃	362,430	362,430	0				
5	消耗品費	612,302	593,123	-19,179				
6	交際費	169,430	213,240	43,810				

使いこなしのヒント

複数のシートをまとめて表示するには

[再表示] ダイアログボックスで、[Ctrl] キーを押しながらシート名をクリックするとシートを複数選択できます。シートを複数選択した状態で [OK] をクリックすると、選択したすべてのシートを再表示できます。

[Ctrl] キーを押しながらクリックすると複数のシートを選択できる

スキルアップ

表示を変える図として貼り付けるには

表をコピーして貼りつけるときに、[貼り付けのオプション]で[リンクされた図]を選択すると、元のデータを図として貼り付けられます。貼り付け先と列幅が違う表も貼り付けられ、元のデータを変更すると、貼り付けた図も連動して変わります。1つのシートに複数の表を入れたい場合に便利です。

[リンクされた図]として貼り付けると
列幅が合わない表も貼り付けられる

活用編

第 **9** 章

数式と参照を
使いこなそう

この章では、値をセルに表示する仕組みと相対参照・
絶対参照について解説していきます。参照方式は、や
や複雑な関数を使いこなす上での鍵となります。非常に
重要なので、しっかり覚えましょう。

セルの値について理解しよう

セルの3層構造　　　　　　　　　　**練習用ファイル**　手順見出しを参照

Excelでセルに値を入力すると、本来の値に、表示形式を適用して、セルにどう表示されるかが決まります。それぞれのセルでは、本来の値、表示形式、画面に表示される値の3層のデータを持っています。

●セルの3層構造

層	区分	内容
①	本来の値	そのセルに入力されている「実際の値」
②	表示形式	日付形式やカンマ区切り形式など、書式の情報を記録
③	画面表示	値に書式を適用した結果を表示

セルに値を表示するときには、「①本来の値」を「②表示形式」のフィルターを通して「③画面表示」が決まります。実際の例を見てみましょう。

●入力されたデータの3層構造

層	区分	セルA1	セルB1	セルC1
①	本来の値	山田	1234	44540
②	表示形式	標準形式	カンマ区切り形式	日付形式（YYYY/MM/DD形式）
③	画面表示	山田	1,234	2021/12/10

	A	B	C
1	山田	1,234	2021/12/10
2			
3			
4			
5			
6			
7			

「山田」に標準形式を適用して「山田」と本来の値が表示されている

「44540」に日付形式を設定して「2021/12/10」と表示されている

「1234」にカンマ区切り形式を適用して「1,234」と表示されている

本来の値を表示する

L050_セルの3層構造_
01.xlsx

書式設定で表示形式を［標準］にすると本来の値が表示されます。

	A	B	C
1	山田	1234	44540

> セルA1〜C1の表示形式を［標準］に設定したので、本来の値が表示されている

● 「①本来の値」は、数値と文字列の2種類がある

「①本来の値」に入力される値は何種類かに分類されます。その中で、特に重要なのが数値と文字列です。

● ①本来の値に入力される値の種類

区分	内容	例
数値	足し算など数値計算に使うための値	「123」「-12345」
文字列	数値計算に使わない文字として扱う値	「ABC」「山田」「0001」「123」

先ほどの例に戻ると、セルA1の「山田」は文字列、セルB1の「1234」、セルC1の「44540」は数値です。

数字だけが並ぶデータに注意

L050_セルの3層構造_
02.xlsx

数値か文字列は見た目だけでは区別が付かない場合があります。たとえば「123」など数字だけが並ぶデータは、数値の場合も文字列の場合もありえます。数字だけが並ぶデータが文字列か数値かはエラーインジケータで判断しましょう。文字列扱いされているときには、左上に緑三角マークが出ます。

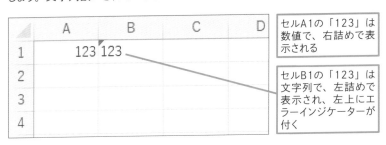

	A	B	C	D
1	123	123		
2				
3				
4				

> セルA1の「123」は数値で、右詰めで表示される

> セルB1の「123」は文字列で、左詰めで表示され、左上にエラーインジケーターが付く

ユーザー定義書式を活用するには

ユーザー定義書式 　　　　　　　　　**練習用ファイル**　L051_ユーザー定義書式.xlsx

ユーザー定義書式を使うと、[セルの書式設定]の[表示形式]タブで選択できない詳細な表示形式を設定できます。このレッスンでは、ユーザー定義書式を使って、数値を千円単位で四捨五入して表示する方法を紹介します。

数値を千円単位で四捨五入して表示する

Before

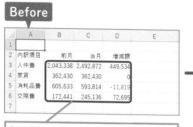

セルB3 〜 D6に入力された数値を、
千円単位で四捨五入したい

After

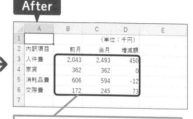

ユーザー定義書式を使って、数値を
千円単位で四捨五入できた

1 ユーザー定義書式を設定する

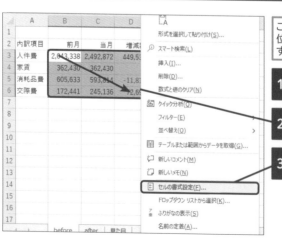

ここでは数値を千円単位で四捨五入して表示する

1 セルB3 〜 D6をドラッグして選択

2 選択したセル範囲を右クリック

3 [セルの書式設定]をクリック

● 表示形式を設定する

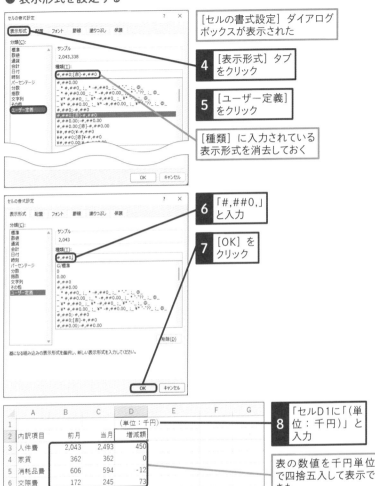

[セルの書式設定] ダイアログ
ボックスが表示された

4 [表示形式] タブ
をクリック

5 [ユーザー定義]
をクリック

[種類] に入力されている
表示形式を消去しておく

6 「#,##0,」
と入力

7 [OK] を
クリック

8 「セルD1に「(単
位：千円)」と
入力

表の数値を千円単位
で四捨五入して表示で
きた

	A	B	C	D	E	F	G
1				(単位：千円)			
2	内訳項目	前月	当月	増減額			
3	人件費	2,043	2,493	450			
4	家賃	362	362	0			
5	消耗品費	606	594	-12			
6	交際費	172	245	73			
7							

☀ 使いこなしのヒント

表示形式の [種類] はどうやって指定するの?

ユーザー定義書式には、あらかじめ決
められた書式記号を使って、表示形式
を指定します。たとえば、今回指定した

「#,##0,」という書式は、最初の5文字
「#,##0」がカンマ区切り表示、末尾の「,」
が千円単位表示を表しています。

参照方式　　　　　　　　　　**練習用ファイル**　　L052_参照方式.xlsx

数式で他のセルを参照する方法として、相対参照と絶対参照を解説します。絶対参照を使うと、数式をコピーして貼り付けたときに参照しているセルが動きません。さらに、縦方向または横方向の片方にだけ絶対参照を付けることもできます。

1　相対参照と絶対参照

数式の中で他のセルを参照するには相対参照と絶対参照の2つの方法があります。「=A1」のようにセル番地だけを入力すると相対参照、「=$A$1」のようにセル番地の前に「$」を付けると絶対参照になります。数式をコピーして貼り付けたときに、相対参照だと参照するセルがずれますが、絶対参照だと変わりません。

● 相対参照のイメージ

西に100m

西に100m

現在地によって目的地（参照先）が変わる

● 絶対参照のイメージ

山田さんの家

山田さんの家

現在地がどこでも、目的地（参照先）は変わらない

2 参照方法を変更するには

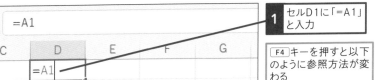

1 セルD1に「=A1」と入力

F4 キーを押すと以下のように参照方法が変わる

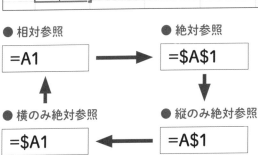

- 相対参照 `=A1` → 絶対参照 `=$A$1`
- 横のみ絶対参照 `=$A1` ← 縦のみ絶対参照 `=A$1`

3 絶対参照を入力するには

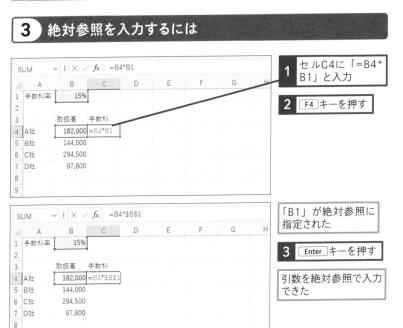

1 セルC4に「=B4*B1」と入力

2 F4 キーを押す

「B1」が絶対参照に指定された

3 Enter キーを押す

引数を絶対参照で入力できた

53 構成比を計算するには

動画で見る

絶対参照 | **練習用ファイル** L053_絶対参照.xlsx

数式をコピーして貼り付けるときに、参照するセルをずらしたくないときには絶対参照を使いましょう。例えば、売上構成比を計算するときに、総合計への参照を絶対参照で指定すると、入力した数式をコピーして貼り付けるだけで正しい計算ができるようになります。

絶対参照を使った計算をするには

Before

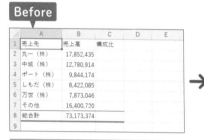

各売上先の売上高が全体に占める割合を知りたい

After

絶対参照を使って構成比を計算できた

使いこなしのヒント

分母を同じにするときには絶対参照を使う

売上先の全体に対する構成比は「売上先ごとの売上高」÷「総合計」で計算をします。例えば、右の表でセルC2に「=B2/B8」と入力すると、丸一（株）向け売上の売上構成比（0.2439…）が計算できます。ただし、この数式はセルC3以下にコピーして貼り付けることができません。セルC3の数式は「=B3/B9」のように参照先がずれて、正しく計算ができません。そこで、分母であるセルB8への参照を絶対参照にして入力する必要があります。

セルC3の数式が「=B3/B9」となり、参照先がずれている

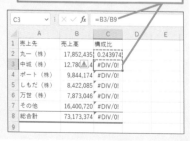

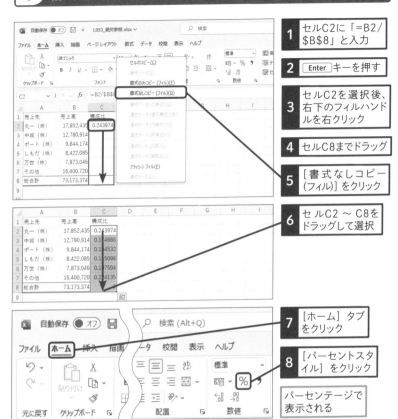

1 セルC2に「=B2/$B$8」と入力

2 Enter キーを押す

3 セルC2を選択後、右下のフィルハンドルを右クリック

4 セルC8までドラッグ

5 [書式なしコピー(フィル)] をクリック

6 セルC2 ～ C8をドラッグして選択

7 [ホーム] タブをクリック

8 [パーセントスタイル] をクリック

パーセンテージで表示される

使いこなしのヒント

参照方式を変更するには

「=B2/$B$8」という数式は、「=B2/B8」まで入力した後に F4 キーを押すと簡単に入力できます。詳細はレッスン52を参照してください。

使いこなしのヒント

パーセンテージの桁数を設定するには

リボンの [ホーム] タブの [パーセントスタイル] をクリックした後に、その近くにある [小数点以下の表示桁数を増やす]（⬚）や [小数点以下の表示桁数を減らす]（⬚）をクリックすると、小数第何位まで表示するかを指定できます。

スキルアップ

マトリックス型の計算をするには

数式で他のセルを参照するときには、縦だけ絶対参照、または、横だけ絶対参照の指定をすることができます。マトリックス型の表を作るときには、これらの参照方法を使うと数式を簡単にコピーして貼り付けられるようになります。

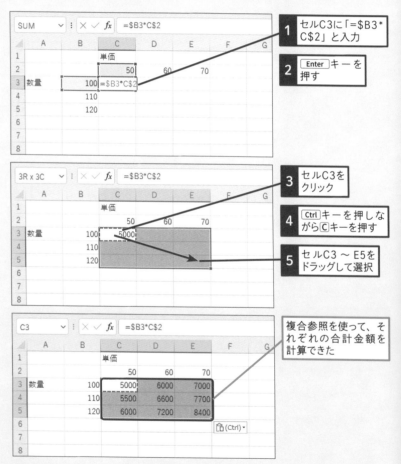

1 セルC3に「=$B3*C$2」と入力

2 Enter キーを押す

3 セルC3をクリック

4 Ctrl キーを押しながらC キーを押す

5 セルC3〜E5をドラッグして選択

複合参照を使って、それぞれの合計金額を計算できた

第10章

必須の関数を
使いこなそう

この章では、「SUMIFS関数」と「VLOOKUP関数」
を中心に、使用頻度が高く重要な関数を紹介します。
どの関数も、効率よく表を作成するためには欠かせな
い関数です。

他のシートのデータを集計するには

他のシートの参照 | 練習用ファイル | L054_他のシートの参照.xlsx

他のシートのセルを選択する場合にも、ほとんど同じ操作で、数式を入力できます。次の［月］シートに入力された材料費の2021年1月〜 2021年3月の合計金額を計算して［年］シートに転記してみましょう。

他のシートのデータから合計を求める

Before

→

After

◆ ［月］シート

［月］シートのセルB3 〜 D7に、それぞれの月の費用が、費用別に入力されている

◆ ［年］シート

［月］シートに入力された費用の合計金額をSUM関数で費用別に集計して、［年］シートのセルC3 〜 C7に表示できた

使いこなしのヒント

数式内でのシートへの参照の表示

数式の中で、他のシートへの参照は、数式内で「月!B3:D3」など「(シート名)!(セル)」という形式で表されます（シート名によっては、シート名の前後に「'」が付け加えられる場合もあります）。シート名が長いと数式が読みにくくなるので、シート名はできるだけ短くしましょう。

シート名は短いものにする。日本語表記でも問題ない

1 他のシートのセルを参照する

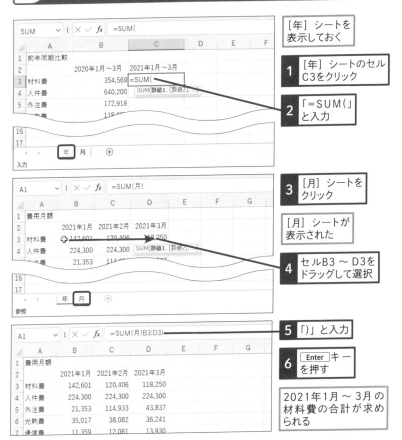

[年] シートを
表示しておく

1 [年] シートのセル C3をクリック

2 「=SUM(」 と入力

3 [月] シートを クリック

[月] シートが 表示された

4 セルB3 ～ D3を ドラッグして選択

5 「)」と入力

6 Enter キー を押す

2021年1月 ～ 3月 の 材料費の合計が求め られる

使いこなしのヒント

他のシートへの参照と相対参照・絶対参照

他のシートへの参照についても、相 対参照であれば数式のコピー・貼り 付けに伴い参照しているセルがずれます。

手順1で入力した、「年」シートのセルC3 の数式をコピーして、下に貼り付けると、 参照先がずれることがわかります。

セルC3に入力された数式を、 セルC4にそのままコピーする と、参照先がずれる

55 条件に合うデータのみを 合計するには

SUMIFS関数 練習用ファイル L055_SUMIFS関数.xlsx

動画で見る

取引先別の売上金額合計、部門別の給与合計など、指定した条件に一致する行の数値を合計するにはSUMIFS関数を使いましょう。Excelで最も重要な関数の1つで、Excelの作業効率を上げるには欠かせない関数です。

活用編 第10章 必須の関数を使いこなそう

条件に合うデータを合計する

Before

取引先ごとに、金額が入力されている

取引先「あいだ」との取引金額だけを合計したい

After

SUMIFS関数で条件を指定し、「あいだ」との取引金額だけを合計できた

=SUMIFS(①合計対象範囲 , ②条件範囲1, ③条件1)

❶ 合計対象範囲
金額（C:C） 列の値を合計する

条件は

❷ 条件範囲1
取引先名（B:B） 列が **❸ 条件1** あいだ（E2） と

等しい場合

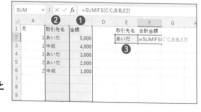

SUMIFS関数の仕組み

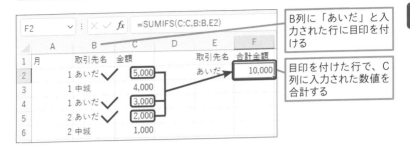

B列に「あいだ」と入力された行に目印を付ける

目印を付けた行で、C列に入力された数値を合計する

1 SUMIFS関数を入力する

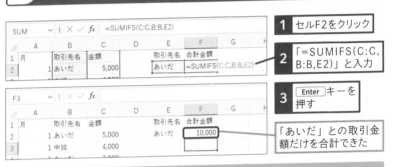

1 セルF2をクリック

2 「=SUMIFS(C:C, B:B,E2)」と入力

3 Enter キーを押す

「あいだ」との取引金額だけを合計できた

🔅 使いこなしのヒント

「①合計対象範囲」と「②条件範囲1」の形を揃える

「①合計対象範囲」と「②条件範囲1」に指定するセル範囲は、形を揃えるようにしましょう。たとえば、「①合計対象範囲」で「C:C」と列全体を指定したら「②条件範囲1」も「B:B」と列全体を指定してください。

B	C
取引先名	金額
あいだ	5,000
中城	4,000
あいだ	3,000
あいだ	2,000

合計対象と条件の範囲を揃える

🔅 使いこなしのヒント

取引先別に売上金額を集計する

セルE3以下にすべての取引先名を入力した後に、セルF2の数式をコピーしてセルF3以下に貼り付けると、取引先別に売上金額を計算できます。

E	F
取引先名	合計金額
あいだ	10,000
中城	5,000

取引先別に売上を合計できる

複数の条件に合うデータを合計するには

動画で見る

複数の条件でのSUMIFS関数　　　**練習用ファイル**　L056_複数条件SUMIFS.xlsx

SUMIFS関数には、条件を複数指定して集計をすることもできます。このレッスンでは、条件を2つ指定して、月別・取引先別に売上金額を集計する方法を紹介します。

活用編 第10章 必須の関数を使いこなそう

SUMIFS関数で複数条件を設定する

Before

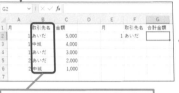

1月の取引のうち、「あいだ」との取引金額の合計を表示したい

After

SUMIFS関数で、1月の取引のうち、「あいだ」との取引金額の合計を表示できた

=SUMIFS（①合計対象範囲 , ②条件範囲1, ③条件1, ④条件範囲2, ⑤条件2）

❶ **合計対象範囲**　列の値を合計する
金額（C:C）

条件は

❷ **条件範囲1**　列が　❸ **条件1**　と等しい場合
月（A:A）　　　　　1（E2）

かつ

❹ **条件範囲2**　かつ　❺ **条件2**　と等しい場合
取引先名（B:B）　　　あいだ（F2）

複数の条件の仕組み

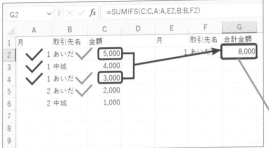

A列に「1」と入力された行に目印を付ける

B列に「あいだ」と入力された行に目印を付ける

A列とB列のどちらにも目印を付けた行で、C列に入力された数値を合計する

1 SUMIFS関数で複数条件を入力する

1 セルG2をクリック

2 「=SUMIFS(C:C, A:A,E2,B:B,F2)」と入力

3 Enter キーを押す

「1月」かつ「あいだ」との取引金額だけを合計できた

使いこなしのヒント

条件範囲のセルと条件のセルは全く同じ値を入力する

条件範囲で指定したセルに入力されている値と、条件で指定する値は、表記を揃える必要があります。本文の例では、A列（②条件範囲1）に「1」「2」と入力されています。ですから、それに対応するセルE2（③条件）にも「1月」「2月」ではなく「1」「2」と入力する必要があります。

	A	B
1	月	取引先名
2	1	あいだ
3	1	中城
4	1	あいだ
5	2	あいだ
6	2	中城
7		

セルE2の表記と合わせる

57 条件に合うデータの件数を合計するには

COUNTIFS関数　　　　　　　　**練習用ファイル**　L057_COUNTIFS関数.xlsx

取引先別の売上金額件数、部門別の人員数など、指定した条件に一致する行の件数を数えるにはCOUNTIFS関数を使いましょう。使い方はSUMIFS関数とほとんど同じで、SUMIFS関数では合計、COUNTIFS関数では件数を計算できます。

条件に合うデータの個数を求める

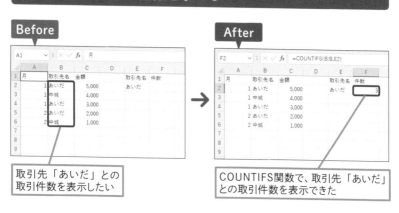

Before
取引先「あいだ」との
取引件数を表示したい

After
COUNTIFS関数で、取引先「あいだ」
との取引件数を表示できた

=COUNTIFS(①条件範囲1, ②条件1)

件数を数える

条件は

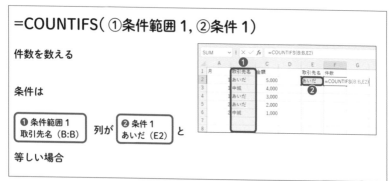

❶ 条件範囲1
取引先名（B:B）　列が　**❷ 条件1**
あいだ（E2）　と

等しい場合

COUNTIFS関数の仕組み

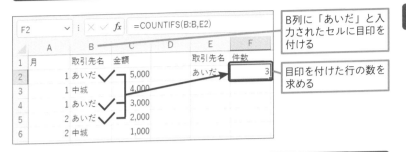

B列に「あいだ」と入力されたセルに目印を付ける

目印を付けた行の数を求める

1 COUNTIFS関数で条件に合うデータを数える

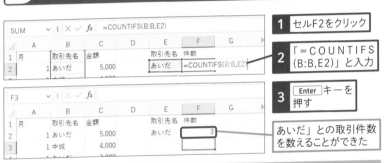

1 セルF2をクリック

2 「=COUNTIFS(B:B,E2)」と入力

3 Enterキーを押す

「あいだ」との取引件数を数えることができた

使いこなしのヒント

複数の条件を指定するには

COUNTIFS関数の引数は、SUMIFS関数の1つ目の引数の「合計対象範囲」がないだけで他はまったく同じです。ですから、SUMIFS関数で複数の条件を指定したように（レッスン56参照）、COUNTIFS関数でも複数の条件を指定できます。COUNTIFS関数で複数の条件を指定したいときには、3つ目、4つ目の引数に「条件範囲2」と「条件2」を指定しましょう。

使いこなしのヒント

取引期別に件数を集計するには

SUMIFS関数と同じように、セルE3以下にすべて取引先名を入力してからセルF2の数式をコピーしてセルF3以下に貼り付ければ、取引先別に件数を集計することができます。

取引先別に件数を集計できる

一覧表から条件に合う
データを探すには

動画で見る

| VLOOKUP関数 | | 練習用ファイル | L058_VLOOKUP.xlsx |

指定した商品コードを、商品一覧から探して該当する商品名を表示したいという
ときにはVLOOKUP関数を使いましょう。レッスンではA列とB列の商品一覧か
ら、セルD2に入力した商品コードに一致する商品名を抽出して、セルE2に表
示しています。

条件に合うデータを抽出する

Before

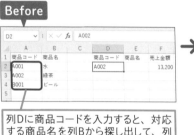

列Dに商品コードを入力すると、対応
する商品名を列Bから探し出して、列
Eに表示するようにしたい

After

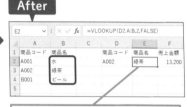

VLOOKUP関数で、商品コードから
商品名が表示された

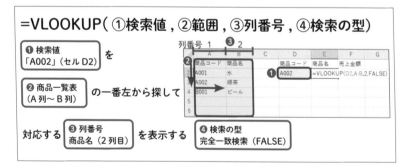

=VLOOKUP(①検索値 , ②範囲 , ③列番号 , ④検索の型)

❶ 検索値
「A002」(セル D2) を

❷ 商品一覧表
(A 列～ B 列) の一番左から探して

列番号 1 ❸ 2

対応する ❸ 列番号
商品名 (2 列目) を表示する

❹ 検索の型
完全一致検索 (FALSE)

💡 使いこなしのヒント

4つ目の引数の入力方法

「④検索の型」はFALSEかTRUEかで指定
をします。通常はFALSEを指定してくだ
さい。入力を省略するとTRUEを指定した
ことになり誤動作の原因になります。

VLOOKUP関数の仕組み

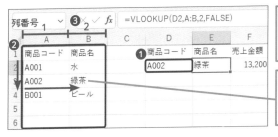

「①検索値」で指定した「A002」をA列（=「②範囲」の一番左の列）から探す

「③列番号」に「2」を指定したのでB列（=A列から2列目）の「緑茶」を取得する

1 VLOOKUP関数で条件に合うデータを探す

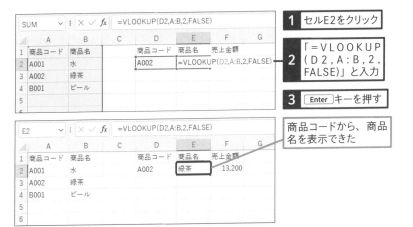

1 セルE2をクリック

2 「=VLOOKUP(D2,A:B,2,FALSE)」と入力

3 Enter キーを押す

商品コードから、商品名を表示できた

📖 用語解説

論理値

TRUE、FALSEの2つを論理値といいます。
論理値は、二者択一の値を表現するのに　使われます。

💡 使いこなしのヒント

「③列番号」は「②範囲」の一番左から数える

「③列番号」は「②範囲」で指定したセル範囲の何列目にあたるかを指定します。つまり、②範囲の一番左の列を「1」として、　その右の列が「2」、次の列が「3」というイメージです。

VLOOKUP関数の
エラーに対処するには

VLOOKUP関数のエラー対処　　　　**練習用ファイル**　手順見出しを参照

VLOOKUP関数を使うときには、引数の指定の仕方やデータの内容次第で
「#REF!」「#N/A」など様々なエラーが発生しがちです。このレッスンでは、「②
範囲」が原因で起こる典型的なエラーの発生原因とその対策を紹介します。

「#REF!」エラーに対処する

L059_VLOOKUPエラー
_01.xlsx

「②範囲」で指定した範囲を超える列を「③列番号」に指定すると「#REF!」
エラーが表示されます。次の例では、「②範囲」がA～B列の2列分しかないのに、
「③列番号」に「3」を指定したため「#REF!」エラーが表示されました。こ
のようなエラーを防ぐために「②範囲」は、表全体を指定しておきましょう。

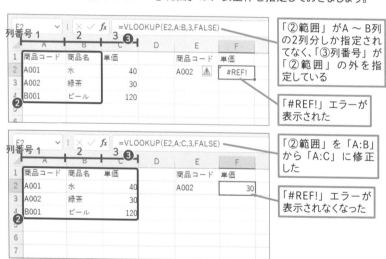

「②範囲」がA～B列
の2列分しか指定され
てなく、「③列番号」が
「②範囲」の外を指
定している

「#REF!」エラーが
表示された

「②範囲」を「A:B」
から「A:C」に修正
した

「#REF!」エラーが
表示されなくなった

💡 使いこなしのヒント

「#REF!」エラーが出たら数式を見直そう

「#REF!」エラーが出るときには、必ず数　　正をするようにしましょう。
式に誤りがあります。数式を見直して修

「#N/A」エラーに対処する

「① 検索値」で入力した値が「② 範囲」の一番左の列に入っていないと検索ができず「#N/A」エラーが発生します。検索したい値が「②範囲」の一番左に入るように「②範囲」の一番左の列を調整しましょう。なお、「②範囲」を変えると「③列番号」も変わることに注意してください。

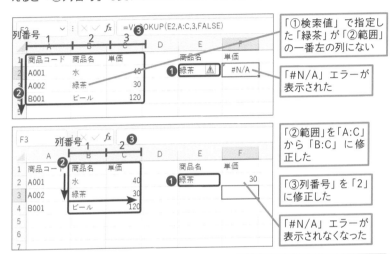

「①検索値」で指定した「緑茶」が「②範囲」の一番左の列にない

「#N/A」エラーが表示された

「②範囲」を「A:C」から「B:C」に修正した

「③列番号」を「2」に修正した

「#N/A」エラーが表示されなくなった

使いこなしのヒント

エラーの内容を確認するには

エラーが表示されたセルの側には⚠のアイコンも表示されます。このアイコンをクリックすると、エラーの説明が表示されます。

使いこなしのヒント

「②範囲」は表全体を指定する

原則として「②範囲」は表全体を指定するようにしましょう。ただし、「①検索値」で入力した値が「②範囲」の一番左の列に入っていないときには、「②範囲」で指定する範囲を調整しましょう。

使いこなしのヒント

数式が正しくても「#N/A」エラーが出る場合もある

上記の例で、セルE2に存在しない商品名「日本酒」を入力すると、「#N/A」エラーが表示されます。この場合、数式は正しいので数式の修正は不要です。

IFERROR関数でエラーを表示しないようにするには

IFERROR関数   練習用ファイル   L060_IFERROR関数.xlsx

VLOOKUP関数の「①検索値」に空欄のセルを指定していると「#N/A」エラーが発生します。請求書などのひな型にあらかじめVLOOKUP関数を入力しておく場合にはIFERROR関数を使って「#N/A」エラーが表示されないようにしましょう。

エラーが表示されないようにする

Before

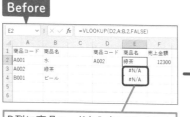

D列に商品コードを入力していないとき、E列にエラーを表示したくない

After

IFERROR関数で、エラーになったときは空白が表示されるように設定できた

=IFERROR(①値 , ②エラーの場合の値)

❶ 値
VLOOKUP(D2,A:B,2,FALSE) の結果を表示する

ただし、エラーが発生したときには、

❷ エラーの場合の値
(空白) を表示する

	A	B	C
1	商品コード	商品名	
2	A001	水	
3	A002	緑茶	
4	B001	ビール	
5			

	D	E	F	G	H
	商品コード	商品名	売上金額		
	A002	=IFERROR(VLOOKUP(D2,A:B,2,FALSE),"")			

🔅 使いこなしのヒント

VLOOKUP関数を入力してからIFERROR関数を入力する

VLOOKUP関数とIFERROR関数を入れるときには、まず、VLOOKUP関数の部分を入れて数式を確定してしまいましょう。 その後に、改めてIFERROR関数の部分を入れると、入力ミスが防ぎやすいです。

1 IFERROR関数を追加する

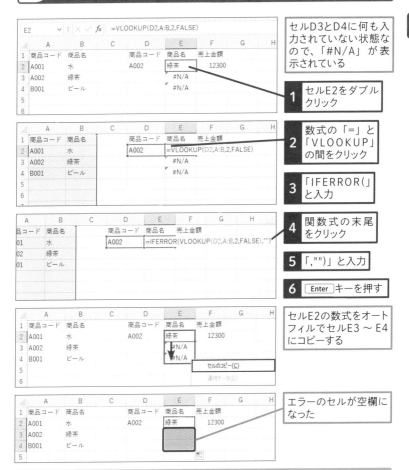

セルD3とD4に何も入力されていない状態なので、「#N/A」が表示されている

1 セルE2をダブルクリック

2 数式の「=」と「VLOOKUP」の間をクリック

3 「IFERROR(」と入力

4 関数式の末尾をクリック

5 「,"")」と入力

6 Enter キーを押す

セルE2の数式をオートフィルでセルE3～E4にコピーする

エラーのセルが空欄になった

使いこなしのヒント

「""」は空欄を表す

数式内では文字列を入力するときには、文字列データを「"」で囲んで入力します。「""」と続けて入力すると、ダブルクォーテーションの間に文字がないので空欄（空っぽの文字列）の意味になります。

XLOOKUP関数を使うには

動画で見る

XLOOKUP関数　　　　　　　　　　練習用ファイル　L061_XLOOKUP関数.xlsx

Excel 2021から、VLOOKUP関数を使いやすくしたXLOOKUP関数が使えるようになりました。XLOOKUP関数を使うとIFERROR関数を使わずに#N/Aエラーを消すことができます。作成したブックをExcel 2019以前のアプリで開く可能性がないときに使いましょう。

XLOOKUP関数を使う

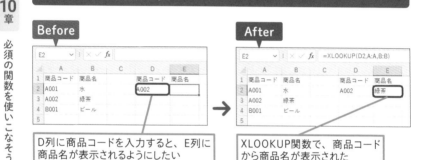

Before

D列に商品コードを入力すると、E列に商品名が表示されるようにしたい

After

XLOOKUP関数で、商品コードから商品名が表示された

=XLOOKUP(①検索値 , ②範囲 , ③戻り範囲 ,
　　　　④見つからない場合 , ⑤一致モード , ⑥検索モード)

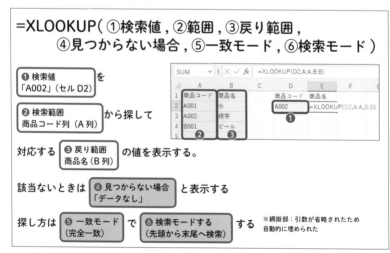

❶ 検索値 を「A002」（セル D2）

❷ 検索範囲 商品コード列（A 列）から探して

対応する ❸ 戻り範囲 商品名（B 列）の値を表示する。

該当ないときは ❹ 見つからない場合 「データなし」 と表示する

探し方は ❺ 一致モード（完全一致） で ❻ 検索モードする（先頭から末尾へ検索） する

※ 網掛部：引数が省略されたため自動的に埋められた

XLOOKUP関数の4つ目〜6つ目の引数

XLOOKUP関数の4つ目〜6つ目の引数の意味は下記の通りです。これらの引数は省略可能です。「⑤一致モード」「⑥検索モード」は、基本的に指定する必要はありませんので入力を省略しましょう。

④見つからない場合		データが見つからなかったときに表示する内容を指定する。省略したときには「#N/A」エラーを表示する。
⑤一致モード	0（または省略時）	：完全一致
	-1	：完全一致または次に小さい項目
	1	：完全一致または次に大きい項目
	2	：ワイルドカード文字との一致
⑥検索モード	1（または省略時）	：先頭から末尾へ検索
	-1	：末尾から先頭へ検索
	2	：バイナリ検索（昇順で並べ替え）
	-2	：バイナリ検索（降順で並べ替え）

1 XLOOKUP関数で条件に合うデータを探す

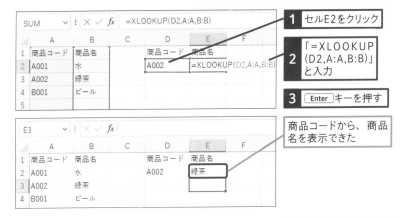

1 セルE2をクリック

2 「=XLOOKUP(D2,A:A,B:B)」と入力

3 Enter キーを押す

商品コードから、商品名を表示できた

引数を省略するときにはカンマは付けない

XLOOKUP関数は4つ目以降の引数を省略することができます。4つ目以降の引数を省略して、引数を3つだけ指定するときには「=XLOOKUP (D2,A:A,B:B)」のように、引数3つをカンマで区切って指定し、最後の引数より後にはカンマを入力しないようにしましょう。

62 条件によってセルに表示する内容を変更するには

IF関数　　　　　　　　　　　　　練習用ファイル　L062_IF関数.xlsx

指定した条件に応じてセルの表示内容を変えたいときにはIF関数を使いましょう。IF関数を使うと、条件を満たしたときの表示内容と、条件を満たさなかった時の表示内容を指定することができます。

活用編　第10章　必須の関数を使いこなそう

条件によって表示を変更する

Before

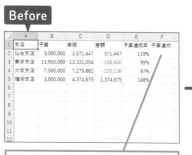

After

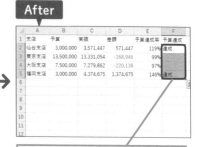

E列の予算達成率が100%以上のときだけ、F列に「達成」と表示したい

IF関数で、E列の予算達成率が100%以上のときだけ、「達成」と表示できた

=IF(①論理式 , ②値が真の場合 , ③値が偽の場合)

C	D	E	F	G	H
実績	差額	予算達成率	予算達成		
3,571,447	571,447	119%	=IF(E2>=100%,"達成","")		
13,331,054	-168,946	99%			
7,279,862	-220,138	97%			

❶ 論理式
予算達成率（セル E2）が100%以上

↙ はい　　　　　　　　　いいえ ↘

❷ 真の場合
セル F2 に「達成」と表示する

❸ 偽の場合
セル F2 に（空欄）を表示する

6種類の記号を使って条件を表現する

IF関数で使う条件は基本的に、次の6種　類の記号で表現します。

●数式で使う比較演算子

比較演算子	意味	使用例	意味
=	等しい	E2=5	セルE2の値が5と等しい
>	より大きい	E2>5	セルE2の値が5より大きい
>=	以上	E2>=5	セルE2の値が5以上
<	より小さい	E2<5	セルE2の値は5より小さい
<=	以下	E2<=5	セルE2の値が5以下
<>	等しくない	E2<>5	セルE2の値は5と等しくない

1 IF関数をセル内で直接入力する

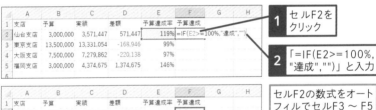

1 セルF2をクリック

2 「=IF(E2>=100%,"達成","")」と入力

セルF2の数式をオートフィルでセルF3 ～ F5にコピーする

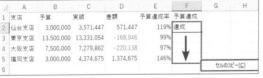

予算を達成した仙台支店と福岡支店だけ、F列に「予算達成」と表示された

予算を達成できなかった支店のF列は、空欄のままで何も表示されていない

「より大きい」「より小さい」と「以上」「以下」の違い

より大きい・より小さいや、超・未満と　以上・以下は等しい場合を含みます。
いう表現は、等しい場合を含みません。

ROUNDUP関数、ROUNDDOWN関数 　練習用ファイル　 L063_ROUNDUP関数.xlsx

レッスン26では端数を四捨五入するROUND関数を紹介しました。このレッスンでは端数を切り上げるROUNDUP関数、端数を切り捨てるROUNDDOWN関数を紹介します。使い方はROUND関数とまったく同じです。

端数を切り上げる

Before

After

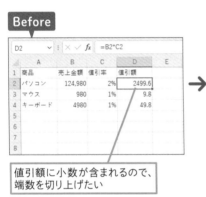

→

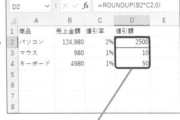

値引額に小数が含まれるので、端数を切り上げたい

ROUNDUP関数で、値引額の端数を切り上げることができた

=ROUNDUP(①数値 , ②桁数)

	A	B	C	D	E	F
1	商品	売上金額	値引率	値引額		
2	パソコン	124,980	2%	=ROUNDUP(B2*C2,0)		
3	マウス	980	1%			
4	キーボード	4980	1%			
5						
6						

❶ 数値
売上金額×値引率（B2*C2）　の端数を切り上げて

❷ 桁数
整数（小数0桁）　までを表示する

1 ROUNDUP関数をセル内で直接入力する

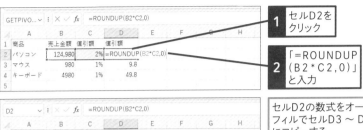

1 セルD2を
クリック

2 「=ROUNDUP
(B2*C2,0)」
と入力

セルD2の数式をオート
フィルでセルD3 ～ D4
にコピーする

値引額の端数を切り上
げることができた

☀ 使いこなしのヒント

端数を切り捨てるには

端数を切り捨てるには、ROUNDDOWN
関数を使いましょう。セルD2に「=ROUND
DOWN(B2*C2,0)」と入力した後、その

数式をコピーして貼り付けると、値引額
の端数を整数に切り捨てることができ
ます。

☀ 使いこなしのヒント

桁数の指定

ROUNDUP関数、ROUNDDOWN関数、
ROUND関数の2つ目の引数には、どの
桁に端数を処理するかを数字で指定しま

す。たとえば、元の値が「123.456」が
入力されているとき、桁数の指定に応じ
て計算結果は次の表のように変わります。

●桁数と結果

②桁数の指定	端数を処理した後の表示	元の値	ROUNDDOWN関数の結果	ROUND関数の結果	ROUNDUP関数の結果
2	小数第2位	123.456	123.45	123.46	123.46
1	小数第1位	123.456	123.4	123.5	123.5
0	整数	123.456	123	123	124
-1	10の位	123.456	120	120	130
-2	100の位	123.456	100	100	200

スキルアップ

集計表に「1月」と表示する方法

集計表の「1」を「1月」と表記したいときには、元データに「1月」「2月」という表記のデータを追加しましょう。D列を挿入し、セルD2に「=A2&"月"」という数式を入力後、その数式をコピーして下まで貼り付けると、D列に「1月」「2月」という表記のデータを追加できます。このD列を使うとSUMIFS関数で集計できます。

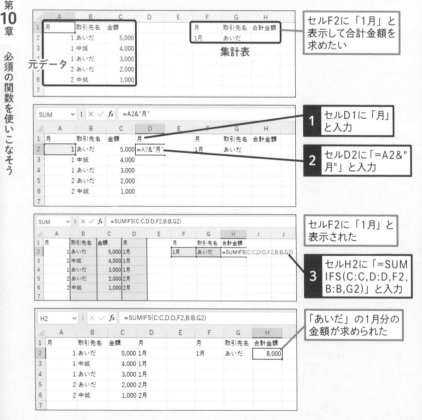

セルF2に「1月」と表示して合計金額を求めたい

1 セルD1に「月」と入力

2 セルD2に「=A2&"月"」と入力

セルF2に「1月」と表示された

3 セルH2に「=SUMIFS(C:C,D:D,F2,B:B,G2)」と入力

「あいだ」の1月分の金額が求められた

付録 ショートカットキー一覧

Excelでよく使うショートカットキーを一覧の表にしました。キーボードで操作すると素早く入力できますので、ぜひ覚えましょう。

● よく使われるショートカットキー

ブックを閉じる	Ctrl + W
ブックを開く	Ctrl + O
[ホーム]タブに移動する	Alt + H
ブックを保存する	Ctrl + S
選択範囲をコピーする	Ctrl + C
選択範囲を貼り付ける	Ctrl + V
最近の操作を元に戻す	Ctrl + Z
セルの内容を削除する	Delete
切り取り選択する	Ctrl + X
太字の設定を適用する	Ctrl + B
コンテキストメニューを開く	Shift + F10
選択した行を非表示にする	Ctrl + 9
選択した列を非表示にする	Ctrl + 0

● セル内を移動するためのショートカットキー

ワークシート内の前のセルに移動する	Shift + Tab
ワークシート内を1セルずつ移動する	↑ ↓ ← →
ワークシート内の現在のデータ領域の先頭行、末尾行、左端列、または右端列に移動する	Ctrl + ↑ ↓ ← →
ワークシートの最後のセルに移動する	Ctrl + End
ワークシートの先頭に移動する	Ctrl + Home
ワークシート内で1画面下にスクロールする	Page Down
ブック内で次のシートに移動する	Ctrl + Page Down
ワークシート内で1画面右にスクロールする	Alt + Page Down
ワークシート内で1画面上にスクロールする	Page Up
ワークシート内で1画面左にスクロールする	Alt + Page Up
ブック内で前のシートに移動する	Ctrl + Page Up
ワークシート内の右のセルに移動する	Tab

索引

索引

索引

索引

できるサポートのご案内

無料サービス!

本書の記載内容について、無料で質問を受け付けております。受付方法は、電話、FAX、ホームページ、封書の4つです。なお、A. ～ D.はサポートの範囲外となります。あらかじめご了承ください。

受付時に確認させていただく内容

① 書籍名・ページ
『できるポケット Excel 2021
基本&活用マスターブック
Office 2021&Microsoft 365両対応』
② 書籍サポート番号→501515
※本書の裏表紙（カバー）に記載されています。
③ お客さまのお名前

④ お客さまの電話番号
⑤ 質問内容
⑥ ご利用のパソコンメーカー、
機種名、使用OS
⑦ ご住所
⑧ FAX番号
⑨ メールアドレス

サポート範囲外のケース

A. 書籍の内容以外のご質問（書籍に記載されていない手順や操作については回答できない場合があります）

B. 対象外書籍のご質問（裏表紙に書籍サポート番号がないできるシリーズ書籍は、サポートの範囲外です）

C. ハードウェアやソフトウェアの不具合に関するご質問（お客さまがお使いのパソコンやソフトウェア自体の不具合に関しては、適切な回答ができない場合があります）

D. インターネットやメール接続に関するご質問（パソコンをインターネットに接続するための機器設定やメールの設定に関しては、ご利用のプロバイダーや接続事業者にお問い合わせください）

問い合わせ方法

電話 （受付時間：月曜日～金曜日　※土日祝休み　午前10時～午後6時まで）

0570-000-078

電話では、上記①～⑤の情報をお伺いします。なお、通話料はお客さま負担となります。対応品質向上のため、通話を録音させていただくことをご了承ください。一部の携帯電話やIP電話からはご利用いただけません。

FAX （受付時間：24時間）

0570-000-079

A4サイズの用紙に上記①～⑧までの情報を記入して送信してください。質問の内容によっては、折り返しオペレーターからご連絡をする場合もあります。

インターネットサポート（受付時間：24時間）

https://book.impress.co.jp/support/dekiru/

上記のURLにアクセスし、専用のフォームに質問事項をご記入ください。

封書

〒101-0051
東京都千代田区神田神保町一丁目105番地
　株式会社インプレス
　できるサポート質問受付係

封書の場合、上記①～⑦までの情報を記載してください。なお、封書の場合は郵便事情により、回答に数日かかる場合もあります。

■著者
羽毛田睦土（はけた　まこと）

公認会計士・税理士。羽毛田睦土公認会計士・税理士事務所所長。合同会社アクト・コンサルティング代表社員。東京大学理学部数学科を卒業後、デロイトトーマツコンサルティング株式会社（現アビームコンサルティング株式会社）、監査法人トーマツ（現有限責任監査法人トーマツ）勤務を経て独立。BASIC、C++、Perlなどのプログラミング言語を操り、データベーススペシャリスト・ネットワークスペシャリスト資格を保有する異色の税理士である。会計業務・Excel両方の知識を生かし、Excelセミナーも随時開催中。

STAFF

シリーズロゴデザイン	山岡デザイン事務所 <yamaoka@mail.yama.co.jp>
カバー・本文デザイン	伊藤忠インタラクティブ株式会社
カバーイラスト	こつじゆい
本文イメージイラスト	ケン・サイトー
本文イラスト	松原ふみこ・福地祐子
DTP 制作	町田有美・田中麻衣子
編集制作	トップスタジオ
デザイン制作室	今津幸弘 <imazu@impress.co.jp>
	鈴木　薫 <suzu-kao@impress.co.jp>
制作担当デスク	柏倉真理子 <kasiwa-m@impress.co.jp>
デスク	荻上　徹 < ogiue@impress.co.jp >
編集長	藤原泰之 <fujiwara@impress.co.jp>

■商品に関する問い合わせ先

このたびは弊社商品をご購入いただきありがとうございます。本書の内容などに関するお問い合わせは、下記のURLまたは二次元バーコードにある問い合わせフォームからお送りください。

https://book.impress.co.jp/info/

上記フォームがご利用いただけない場合のメールでの問い合わせ先
info@impress.co.jp
※お問い合わせの際は、書名、ISBN、お名前、お電話番号、メールアドレス に加えて、「該当するページ」と「具体的なご質問内容」「お使いの動作環境」を必ずご明記ください。なお、本書の範囲を超えるご質問にはお答えできないのでご了承ください。

- 電話やFAXでのご質問は、190ページの「できるサポートのご案内」をご確認ください。また、封書でのお問い合わせは回答までに日数をいただく場合があります。あらかじめご了承ください。
- インプレスブックスの本書情報ページ　https://book.impress.co.jp/books/1122101047 では、本書のサポート情報や正誤表・訂正情報などを提供しています。あわせてご確認ください。
- 本書の奥付に記載されている初版発行日から3年が経過した場合、もしくは本書で紹介している製品やサービスについて提供会社によるサポートが終了した場合はご質問にお答えできない場合があります。

■落丁・乱丁本などの問い合わせ先
FAX　03-6837-5023
service@impress.co.jp
※古書店で購入された商品はお取り替えできません。

できるポケット

Excel 2021 基本 & 活用マスターブック
Office 2021 & Microsoft 365両対応

2022年9月11日　初版発行
2024年6月11日　第1版第2刷発行

著　者　羽毛田睦土&できるシリーズ編集部

発行人　小川 亨

編集人　高橋隆志

発行所　株式会社インプレス
　　　　〒101-0051　東京都千代田区神田神保町一丁目105番地
　　　　ホームページ　https://book.impress.co.jp/

印刷所　図書印刷株式会社
ISBN978-4-295-01515-4 C3055

Printed in Japan